# 物质、能量和热

# MATTER, ENERGY, AND HEAT

英国 Brown Bear Books 著

戚 竞 译

電子工業出版社
Publishing House of Electronics Industry
北京 • BEIJING

BROWN BEAR BOOKS
Devised and produced by Brown Bear Books Ltd,
Unit 1/D, Leroy House, 436 Essex Road, London
N1 3QP, United Kingdom
Chinese Simplified Character rights arranged through Media Solutions Ltd Tokyo
Japan (info@mediasolutions.jp)



版权贸易合同登记号　图字：01-2022-5672

**图书在版编目（CIP）数据**

物质、能量和热 / 英国 Brown Bear Books 著；戚竞译．—北京：电子工业出版社，2023.1
（疯狂 STEM. 物理）
ISBN 978-7-121-35658-2

Ⅰ．①物…　Ⅱ．①英…　②戚…　Ⅲ．①物质－青少年读物　②能－青少年读物　③热值－青少年读物　Ⅳ．①B021-49　②O31-49　③TK121-49

中国版本图书馆 CIP 数据核字（2022）第 208987 号

责任编辑：郭景瑶
文字编辑：刘　晓
印　　刷：北京利丰雅高长城印刷有限公司
装　　订：北京利丰雅高长城印刷有限公司
出版发行：电子工业出版社
　　　　　北京市海淀区万寿路 173 信箱　邮编：100036
开　　本：787×1092　1/16　印张：20　字数：608 千字
版　　次：2023 年 1 月第 1 版
印　　次：2023 年 1 月第 1 次印刷
定　　价：188.00 元（全 5 册）

凡所购买电子工业出版社图书有缺损问题，请向购买书店调换。若书店售缺，请与本社发行部联系，联系及邮购电话：（010）88254888，88258888。
质量投诉请发邮件至 zlts@phei.com.cn，盗版侵权举报请发邮件至 dbqq@phei.com.cn。
本书咨询联系方式：（010）88254210，influence@phei.com.cn，微信号：yingxianglibook。

# “疯狂STEM”丛书简介

STEM是科学（Science）、技术（Technology）、工程（Engineering）、数学（Mathematics）四门学科英文首字母的缩写。STEM教育就是将科学、技术、工程和数学进行跨学科融合，让孩子们通过项目探究和动手实践，以富有创造性的方式进行学习。

本丛书立足STEM教育理念，从五个主要领域（物理、化学、生物、工程和技术、数学）出发，探索23个子领域，努力做到全方位、多学科的知识融会贯通，培养孩子们的科学素养，提升孩子们实际动手和解决问题的能力，将科学和理性融于生活。

从神秘的物质世界、奇妙的化学元素、不可思议的微观粒子、令人震撼的生命体到浩瀚的宇宙、唯美的数学、日新月异的技术……本丛书带领孩子们穿越人类认知的历史，沿着时间轴，用科学的眼光看待一切，了解我们赖以生存的世界是如何运转的。

本丛书精美的文字、易读的文风、丰富的信息图、珍贵的照片，让孩子们仿佛置身于浩瀚的科学图书馆。小到小学生，大到高中生，这套书会伴随孩子们成长。

# 目录

# 原子与分子

**世间万物都是由微观的粒子组成的。能独立存在的最小粒子叫作“原子”。原子通常会互相结合在一起，形成大的粒子团，这就是分子。所有的化合物都是由一种或者多种分子组成的。**

世界上有超过100种不同的化学元素，每一种化学元素都有属于自己的原子。大多数化学元素是金属，如铁（Fe）、铜（Cu）、铝（Al）。一小片铁片其实是由数以万亿计的铁原子组成的。还有一些化学元素是气体，如氧（O）、氢（H）。只有两种化学元素在常温下是液体——银色的液态金属汞（Hg）和红棕色的有毒液体溴（Br）。

通常来说，由不同化学元素结合而成的化合物的性质和化学元素本身的性质相差甚远。比如，金属铜（Cu）元素可以和气

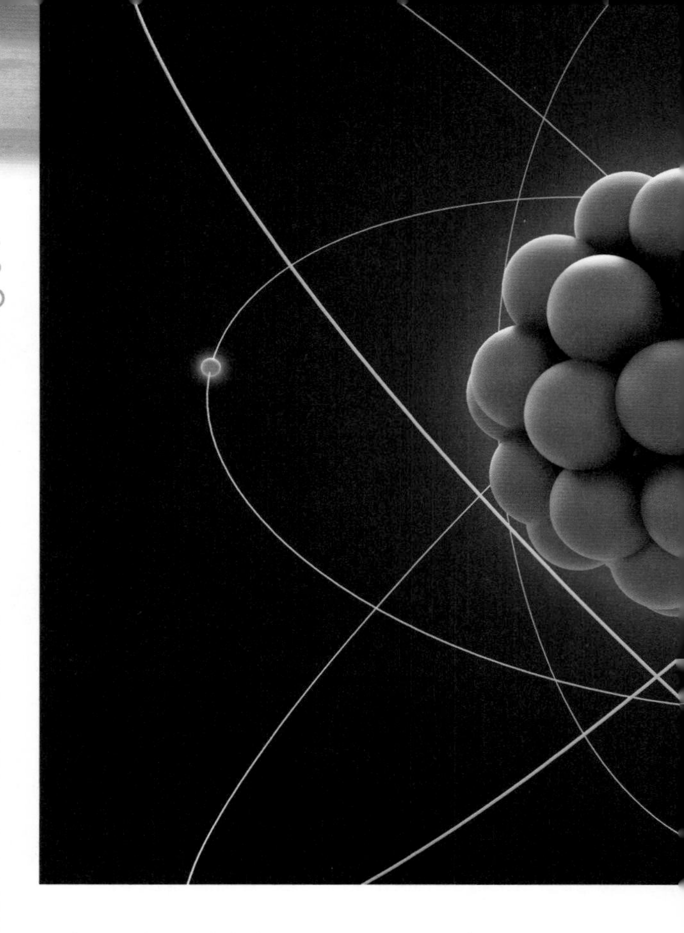

经典原子模型，包括中心原子核和环绕在其外围的电子。

## 化学键

离子键成键时，一个原子将自己的一个或多个电子交给另一个原子，从而在这两个原子之间形成一种离子形式的化学键。比如在下图中，钠（Na）原子和氯（Cl）原子结合生成氯化钠（NaCl）。然而，在共价键成键时，参与成键的原子都把自己的电子拿出来共享。比如在下图中，一个氧（O）原子和两个氢（H）原子共享自己的电子，结合生成了水（$H_2O$）。

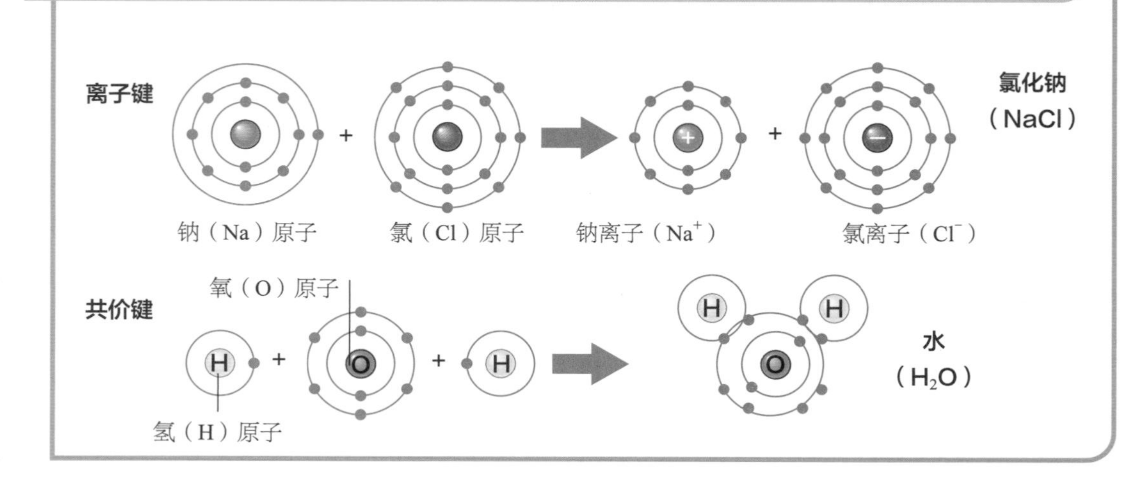

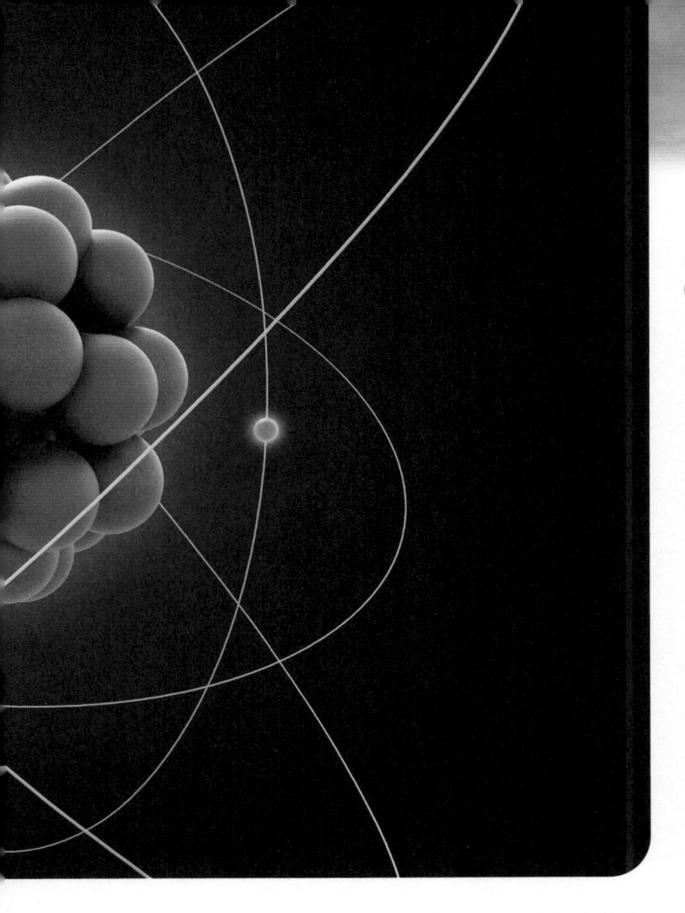

态氧（O）元素结合生成非金属的化合物氧化铜（CuO），而气态氢（H）元素和气态氧（O）元素则可以结合生成我们熟悉的液态水（$H_2O$）。

原子并不是由某种物质组成的一个个实心小球，原子是由中心核（也就是原子核）和一个或多个围绕原子核持续运动的电子组成的。因此，电子其实比最小的原子还要小——电子的尺寸大约是最小的原子（氢原子）尺寸的两千分之一！每一个电子都带有一个负电荷，而原子核则带有一个或多个正电荷，其正电荷总数正好等于电子总数，因此原子作为一个整体是电中性的（对外不显电性）。电子围绕原子核运动的球层区域被称作“电子壳层”，形状有点像剥开洋葱时见到的洋葱内层。

## 碳的同素异形体

金刚石（钻石）、石墨和富勒烯都是碳（C）元素的不同形态。这种由单一化学元素组成，因原子排列方式不同而具有不同性质的单质，就被称为“同素异形体”。石墨是灰黑色、有金属光泽、相对较软的固体，它由一层层可以相对滑动的碳原子叠层构成。金刚石则是由排列非常紧密的碳原子构成的一种异常坚硬的固体，它是自然界中天然存在的最坚硬的物质。富勒烯（也叫“足球烯”）是由60个碳原子组成的像足球一样的分子，这种多边形结构使其变得十分稳固。碳纳米管也是一种富勒烯，在生物技术和医学中被广泛应用。

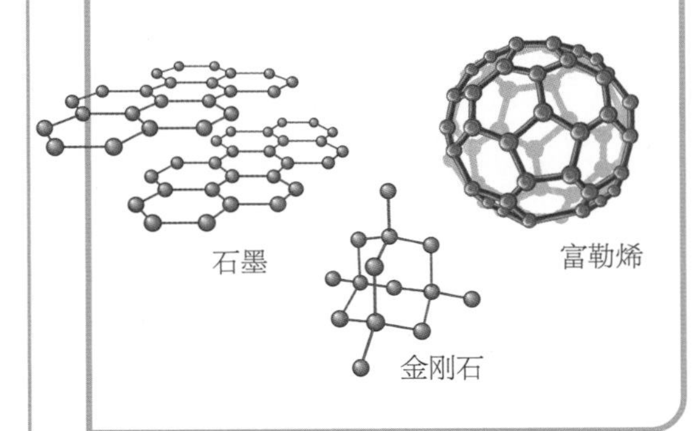


## 科学词汇

**原子：** 能独立存在、在化学反应中不可再分的最小粒子。原子由原子核和环绕在其外围的电子组成，原子核则由质子和中子组成。

**分子：** 由两个或两个以上原子组成、能独立存在并保持特定物质固有物理、化学性质的最小单位。

# 气体的特征

**同其他物质一样，气体也是由原子或分子组成的，但是构成气体的原子或分子并不会老老实实地待在原地不动。这些原子或分子会互相碰撞，或者撞向容器壁。当这些原子或分子与容器壁发生碰撞时，气压就会上升。**

气体是物质常见的3种状态之一，另外两种状态分别是液体和固体。我们生活在一个被气体包围的世界中，因为我们呼吸的空气就是气体。实际上，空气是一种混合气体，它主要由氮气和氧气组成。虽然我们看不见空气，但是它是有质量的，所以它会对所有处于其中的物体产生压力。一个房间中所有空气的质量大约是80千克，而地球大气层中所有空气的质量达到500万亿吨。气压（大气的压强）可以通过气压计测定，气压计有许多种不同的类型，适用于不同的场合。

意大利科学家埃万杰利斯塔·托里拆利（Evangelista Torricelli，1608—1647）于1644年发明了第一支水银（Hg）气压计，契机是他想要证明真空是由气压的缺失引起的。托里拆利拿一根大约1米长的细长玻璃管，将其一端封住，再向里面注入水银液体，随后他把这根灌满水银液体的玻璃管上下颠倒，让封口端朝上，开口端朝下，并把开口端缓慢插入一个盛满水银液体的碗中。他发现，玻璃管中的水银柱开始下降，但是没过多久，水银柱就停止下降了。托里拆利解释说：因为作用在碗中水银液面上的大气压力传递到了玻璃管中的水银柱上，所以水银柱才能被托举在某一高度不再下降，而水银柱上方封闭的那部分空间中没有任何空气，也就是真空。

## 预测天气

生活中，标准大气压能支撑大约76厘米高的水银柱。由于每天的气压会随气候而变化，因此气压能支撑的水银柱的高度也会

随之变动。人们很快就学会了通过观察水银柱高度的变化来预测气候变化，比如，当晴空万里的时候，气压比较高，水银柱会上升；反之，当水银柱下降的时候，就说明气压开始下降了，也就预示着雨水天气即将到来。此外，气压也会随着海拔升高而降低，海拔每升高100米，水银柱大约下降1厘米，所以气压计可以根据这一原理来测量海拔。飞机上搭载的高度计其实大多是灵敏的无液型气压计。无液型气压计不使用水银，其核心部件是一个没有任何空气的封闭小真空腔，当气压计所处环境的外部气压发生变化时，这个小真空腔便会发生形变，进而推动杠杆结构的连接部位，使刻度表盘上的指针发生偏移。飞机高度计表盘上的数字是用海拔而非气压校准的，因此可以直观地显示飞机所处的实际海拔。

### 科学词汇

**气压：** 作用在单位面积上的大气压力。气压随着海拔的升高而降低。

**波意耳定律：** 在恒定温度下，气体的压强与其体积成反比。例如，气体的压强增大时，其体积减小。

**气体：** 没有固定的体积和形状、粒子之间有着相对大的距离的物质形态。

**压力：** 对某一特定区域施加的力。

氦气和氢气是仅有的两种比空气还轻的气体。氦气比氢气更安全，因为氦气是惰性气体，不会燃烧，因此氦气被广泛用来为气象探测气球和飞艇充气。

## 其他气体

并非所有气体的密度都和空气的密度相同，氢气和氦气就是两种比空气更轻的气体。氢气是一种危险的可燃气体，人们曾用氢气来填充气球和飞艇，很不幸的是，历史上发生过数次由氢气燃烧引发的灾难——最著名的一次就是1937年5月6日德国兴登堡号飞艇爆炸事故——从那以后，人们便不再使用氢气填充气艇。如今，人们使用更安全、不会燃烧的惰性气体——氦气来填充飞艇。

其他气体可以作为燃料。甲烷（$CH_4$）存在于地下的天然气中。与甲烷类似的另外两种气体——丙烷（$C_3H_8$）和丁烷（$C_4H_{10}$）——则是从炼油厂的原油中提取出来的两种可燃、无毒气体。丙烷和丁烷通常用金属瓶封装、出售，人们在户外野营的时候可以用这些瓶装丙烷和丁烷气体生火取暖或照明。加压可以使丙烷和丁烷液化，从而生成液化石油气（LPG），液化石油气是车用汽油理想的清洁替代品。

乙炔（$C_2H_2$）是另一种燃料气体。乙炔在氧气（空气）中燃烧产生的火焰便是氧炔焰，温度可以高达3000℃，可用来切割、焊接钢材或者其他金属。乙炔同样可以被加压液化，然后用钢瓶封装。二氧化碳（$CO_2$）分子是由一个碳（C）原子和两个氧（O）原子组成的，其密度很大。固态的二氧化碳被称为“干冰”。被二氧化碳包围的任何物品都无法燃烧，因为二氧化碳本身不可燃，也不助燃，这就是二氧化碳能被用于灭火的原因。

## 气体的性质

装在封闭容器中的气体会向容器壁施加压力，因为容器内的气体分子在不停地快速运动，并且会不断地与容器壁发生碰撞，这些碰撞的能量转移到容器壁上便产生了压力——这也是我们需要把容器口封住的原因，不然气体就跑光了。如果通过挤压容器使容器的体积变小，那么容器内气体的压强就会增大。比如说，容器的体积减为原来的一半，那么容器内气体的压强就会增大为原来的两倍。气体的压强和体积之间的关系最早由英国科学家罗伯特·波意耳（Robert Boyle，1627—1691）发现，因此也被称为“波意耳定律”。

在气体的体积保持不变的情况下，加热气体也会使压强增大。这是因为气体越

### 波意耳定律

下图显示了容器内气体的压强和体积之间的关系。当压强（P）从1巴（bar，1 bar = 100 kPa）增大到2巴时，气体体积（V）便从8立方米减为4立方米，而当压强增大到4巴时，气体体积便减小为2立方米。也就是说，气体的压强和体积是成反比的，即二者的乘积是一个常数。

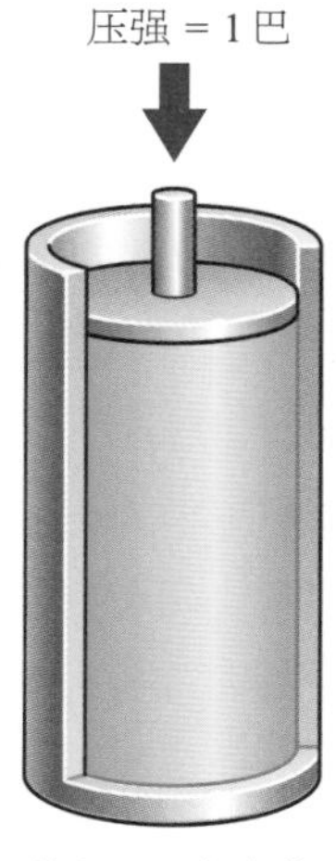


体积 = 8立方米

$P \times V = 1 \times 8 = 8$

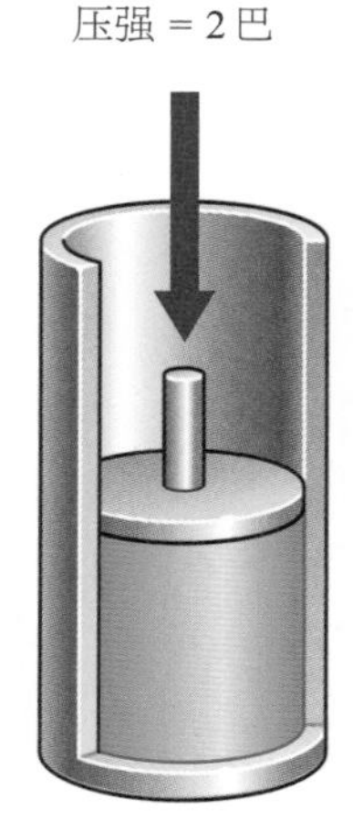


体积 = 4立方米

$P \times V = 2 \times 4 = 8$

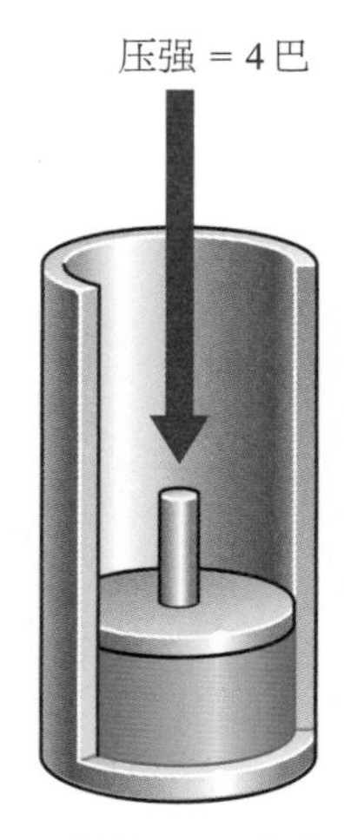


体积 = 2立方米

$P \times V = 4 \times 2 = 8$

上图显示了在焊接操作中使用的氧炔焰焊接枪。焊工在焊接操作时需要戴深色的防护墨镜，以保护眼睛不受高温火焰的强光照射。

热，其分子运动越快，与容器壁发生的碰撞就越频繁，表现为压强增大。如果气体的体积并非保持不变，那么加热气体就会使气体体积膨胀，从而占据更多的空间。气体的膨胀可以用来做功，许多机器是利用气体膨胀来工作的，如蒸汽机。

气体的流动也可以用来做功。最早利用气体流动来做功的装置是帆船。后来，人们利用风来驱动风车工作。许多风车有类似于帆的叶子，它们在地中海国家（如西班牙和希腊）十分常见。

## 罗伯特·波意耳

罗伯特·波意耳，1627 年出生于爱尔兰芒斯特省，是科克伯爵的第 7 子。他在瑞士学习结束后，于 1644 年回到英国，并于 1654 年定居牛津。波意耳做过许多物理和化学实验，研究过电、晶体和气体特征。他还发明了气泵，并研究了压力对气体的影响。1662 年，他提出了波意耳定律，即在恒温条件下，气体的压强与体积成反比。后来，波意耳移居伦敦，1662 年成为英国皇家学会的创始人之一。波意耳于 1691 年去世。

## 水银气压计

气压计是测量气体压强的装置，它其实是一根装有水银的 U 形玻璃管，管子的一端连接大气，另一端则连接被测气体。被测气体的压强使开放端的水银上升，而管子两端水银柱的高度差就反映出了被测气体的压强。

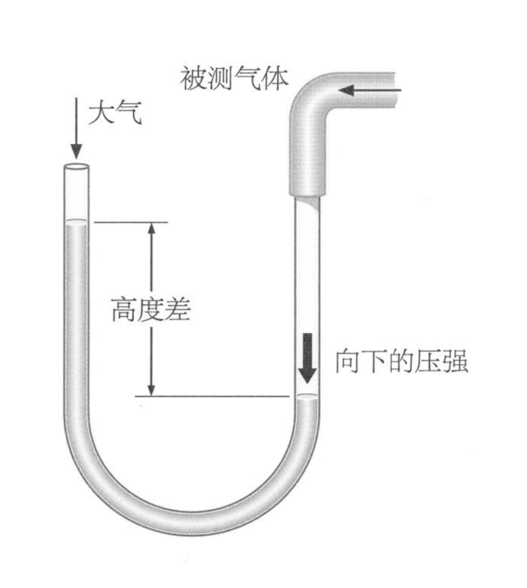

# 液体的特征

**液体是物质的“中间”状态。液体的密度比气体大，但比固体小。与气体相同，液体也易于流动，因此需要用容器来保存。**

组成液体的分子可以自由移动，因此液体没有固定的形状——液体的形状随容器形状的变化而变化。和气体不同，盛液体的容器并不需要封盖来防止液体外溢，而另一个不同点则是液体不能被压缩，也就是说，增加对液体的压力并不能使液体的体积减小。但是，液体会对容器壁、容器底和处于该液体中的物体产生压力，该压力的大小取决于液体的密度和物体所处的深度——物体所处的深度越大，受到的压力就越大。

液体的另一个重要属性是黏度（viscosity），黏度是衡量液体黏性程度的指标。机油和糖浆都是黏稠液体，流动十分缓慢。而水和酒精的黏度则小得多，易于流动——这是因为水和酒精中的分子比机油和糖浆中的分子更容易发生相对滑动。

### 毛细现象

毛细管中弯液面的形状（凹或凸）取决于液体的密度和液体浸润玻璃的能力。水在毛细管中形成的弯液面是凹液面（向下弯曲），而水银在毛细管中形成的弯液面则是凸液面（向上弯曲）。

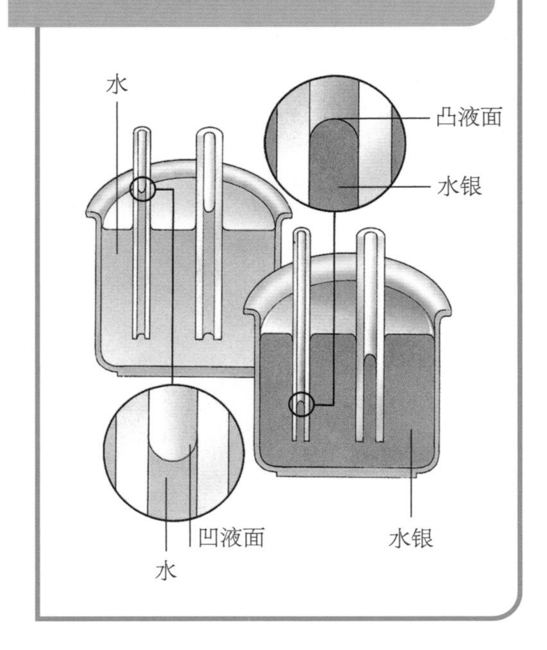


## 表面张力和毛细管

液体表面的分子相互吸引，于是产生了表面张力，这种力使液体表现得就好像在液面上有一层弹性“皮肤”一样。表面张力可以让绣花针漂浮在水面上，也可以让一些昆虫（如水黾）在水面上“行走”。同样是因为有表面张力，水中的气泡和小液滴才是球形的。

表面活性剂也被称作“润湿剂”，它可以降低表面张力。洗涤剂便是一种表面

水是地球上最常见的液体。图为一架消防飞机正在向着火的森林洒水，试图将火扑灭。

活性剂，将洗涤剂加入浸泡着衣物的水中，可以让水更容易“钻”进衣物的孔隙中，从而将藏在孔隙里的污垢冲走。

表面张力的另一个特征是毛细现象，也叫“毛细作用”。正是毛细现象使得吸墨纸和海绵能够快速吸水。将一根毛细管垂直插入液体中，我们便可以观察到毛细现象。对于水这样的液体来说，玻璃管中的水会沿着管壁往上爬升。如果你仔细观察玻璃管中的液面，你会发现它是弯曲的——玻璃管两侧的液面和中间的液面不在一条线上，这种弯曲的液面被叫作“弯液面”。如果液体是水，那么弯液面是下凹的，但如果是像水银这样密度大的液体，那弯液面就是上凸的——液面中心比边缘高。

## 科学词汇

**毛细现象：** 也叫“毛细作用”，是表面引力引起的与表面流动及液面平衡形状有关的表面现象。

**弯液面：** 液体在毛细管中的表面弯曲形状，是由毛细作用引起的。

**表面张力：** 使液体表面具有类似弹性“皮肤”效果的力。

## 小实验

### 散点滑石粉

我们知道，水的表面好像有一层弹性“皮肤”，足以支撑水黾和其他水生昆虫在水面上“行走”。但是，如果你拉伸水的这层弹性“皮肤”，那漂浮在水面上的物体会如何呢?

### 实验步骤

找一个浅口大碗，确保它非常干净，然后装满水。当水面静止时，在水面上撒一点滑石粉。用你的手指尖蘸一小滴洗涤剂，在水面中心位置轻轻地碰触水面，你会看到滑石粉立刻从手指碰触点向碗的边缘扩散开来。

洗涤剂会破坏水的表面张力，使其不再能支撑粉末颗粒。在这个实验中，靠近碗边的水的表面张力没有被破坏，因此水表面的那层弹性“皮肤”会迅速收缩到碗的边缘，同时带走水面上的滑石粉——看起来就像是你的手指尖把这些滑石粉推开了。如果想要重复这个实验，你需要将碗中所有的洗涤剂清洗掉并把碗完全擦干。

蘸一滴洗涤剂，然后碰触水的表面，你就会看到水面上的滑石粉向四周散开。

# 固体的特征

**组成固体的内部原子和分子有自己的固定位置，几乎无法移动，这些原子和分子有规律地排列在一起，形成了固体的宏观形状。**

多数固体是刚性、坚硬的，并且有很高的熔点。固体的这些物理特征表明其内部原子之间存在着很强的作用力。还有一些固体是由大分子组成的，这些大分子之间的作用力比较弱，因此这些固体往往比较柔软，并且熔点较低。石蜡和许多聚合物（如塑料）就是这类固体的代表。

晶体是一种特殊的固体，其内部构造质点（如原子、分子等）按照规律性的重复模式排列，这一重复模式就被称为"晶格"（lattice）。当晶体被加热时，其构造质点在晶格中的位置保持不变，当温度达到该晶体的熔点时，其构造质点在晶格中无法再保持在原有位置上，因此晶体开始熔化。如果固体内部的原子或分子没有规律性的重复排列模式，则这种固体被称为"非晶质"（non-crystalline）或"无定形体"（amorphous）。玻璃和塑料就是典型的无定形体。当被加热时，它们会在很广的温度范围内逐渐软化，并且没有可预测的确定熔点。

英文短语"solid as a rock"（像石头一样硬）用来描述某物非常坚硬。建造大坝的混凝土就像人造的石头一样，非常坚硬，足以承载大坝里数百万吨水的压力。

晶体中构造质点的确切属性因材料的不同而不同。对于大多数金属和一些固体元素（如硫或金刚石形式的碳）而言，晶体的构造质点是原子。而糖这样的晶体的构造质点是分子。其实，对于绝大多数晶体

钻石（金刚石）是世界上最昂贵的晶体之一，它也是已知的最坚硬的固体。钻石经切割、抛光后可用于制作珠宝。

而言，其构造质点是离子——几乎所有的盐和矿物（也就是岩石）是由离子组成的离子晶体。

## 金属也是晶体

我们在看到“晶体”这个词时，往往会联想到一些透明的、有棱角的东西，如闪闪发光的钻石。其实大多数金属是晶体，这一事实以及晶体构造质点之间的键合类型决定了金属的特征。

典型的金属可以被切割、抛光。在镀银镜发明之前，镜子就是用抛光的金属制成的。许多金属可以被拉伸成细丝而不断裂，这种受到拉伸应力变形而不断裂的特性被称为“延性”（ductility），可以被拉成细丝而不断裂的金属就是有延性的。许多金属可以被压成薄片。例如，金可以被压成薄得透光的金箔。这种受到压缩应力变形而不破裂的特性被称为“展性”（malleability），受到压缩应力变形而不破裂的金属就是有展性的。

### 单晶系

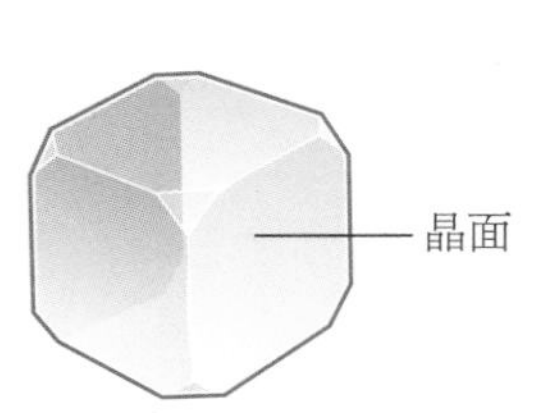


岩盐（立方晶系）

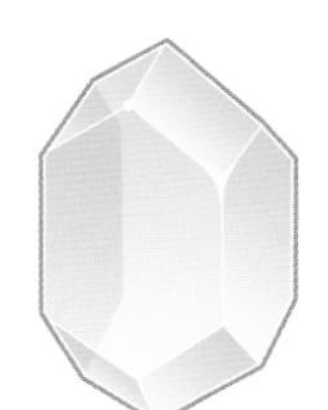

锆石（四方晶系）

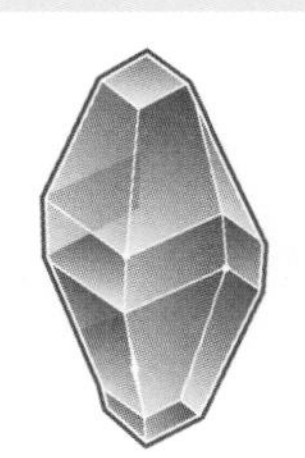

方解石（三方晶系）

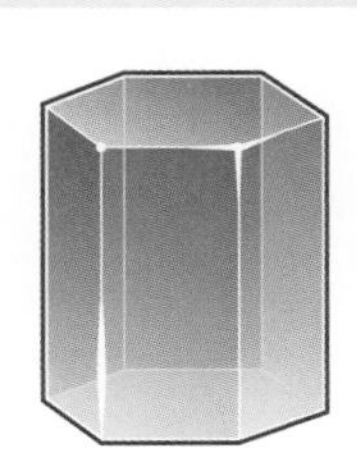

绿柱石（六方晶系）

蓝晶石（三斜晶系）

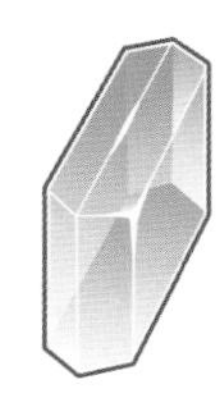

石膏（单斜晶系）

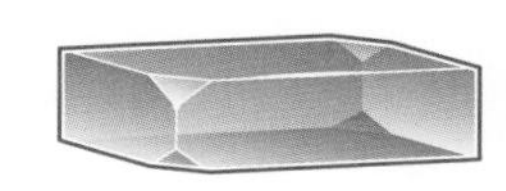

重晶石（正交晶系）

共有7种不同的晶系，图示为这7种不同晶系的代表性矿石。晶体的外在形状被称为“晶体习性”（也被称为“晶体惯性”，简称“晶习”）。由同一物质组成的晶体的两个晶面间的夹角总是一个定值。但是，由于晶体不同晶面的生长速率可能会有差异，因此呈现出的晶体习性可能会有所不同。

有些金属（如铜和金）既有延性又有展性。这是因为当它们受到拉伸应力或压缩应力时，其内部原子会发生相对滑动，因此会呈现出新的形状。金属的这种成键方式明显与其他晶体的成键方式不同。金属内部原子的最外层电子很容易分离出去从而产生正离子，而正离子被金属中的“电子海”所包围。因此这些可以自由移动的电子就是金属具有导电性的根源。当用一根金属导线连接一个电池的正负两极时，电子会沿着金属导线移动并产生持续的电流。金属是热的良导体也得益于自由移动的电子。

## 固体中的成键

人们已经确定了固体中存在的4种不同

### 晶轴

晶系是根据晶体内部假想的坐标轴来定义的。七大晶系中有6个晶系存在3个坐标轴，其中最简单的是立方晶系，由3个等长的直角坐标轴构成（直角坐标系）。而六方晶系则存在4个坐标轴。

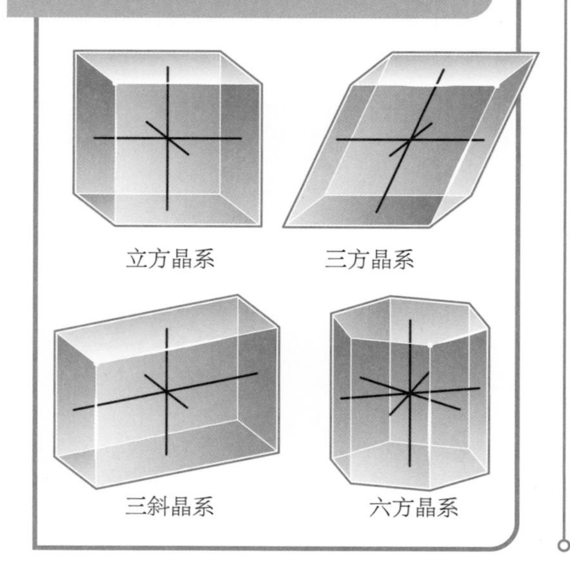


### 晶体的晶胞

晶格最小的空间单元，就是晶胞。晶胞一般为晶格中对称性最高、体积最小的某种平行六面体，它决定了晶体的外形。下图是在金属和其他晶体中最常见的3种晶胞。

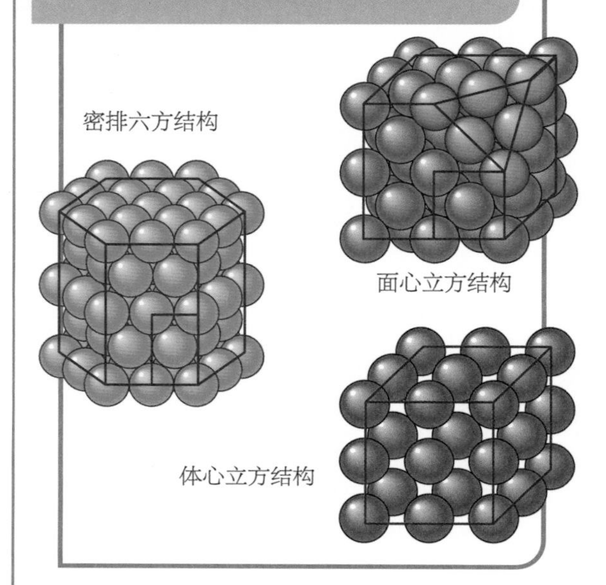


的成键方式——将固体中的粒子结合在一起的方式。在像钻石这样的共价晶体中，原子间共用电子，并通过共价键结合在一起（参见第6页）。在像盐这样的离子晶体中，粒子以正离子和负离子的形式存在，正负离子由静电吸引结合在一起，这种正负离子间的静电吸引即为离子键。在石蜡这样的分子晶体中，粒子是由分子间作用力（范德华力）结合在一起的分子。而在金属中，金属原子由涉及自由电子的金属键结合在一起。尽管这4种成键方式各有千秋，但都能使晶体中的粒子紧密结合从而形成晶体。

## 晶体的分类

科学家认识到，晶体有7种基本的几何

## 科学词汇

**晶体：** 由离子、原子或分子在空间中按一定周期规律、重复地排列组成的固体物质。

**延性：** 指在拉伸外力作用下能延伸成细丝而不断裂的性质。

**展性：** 指在外力作用下能被压成薄片而不破裂的特性。

形态，所有晶体都可以归于7种基本几何形态中的一种。然而，天然的晶体鲜少有完美的几何外形，其在形成的过程中可能会变形、扭曲或受到杂质的影响。

这7种晶体形态被称为“晶系”（见第15页）。7种晶系的名字来自它们的几何形状。最简单的几何形状是立方体，呈现这种形态的晶体就属于立方晶系。普通的食盐是天然的矿物盐，矿物学家称之为“岩盐”。岩盐可以结晶成立方体形状。如果用放大镜观察食盐，你可以看到一粒粒立方体形状的食盐晶体。

## 晶体内部结构

晶体内的粒子按一定的规则排列，这种排列方式被称为“晶格”。在食盐晶体中，离子排列在其立方晶格的8个角上，而表观的食盐晶体也是立方体形状的。因此我们发现：食盐晶体的形状反映了食盐晶格中离子的排列方式——这一点对其他晶体同样适用。想象一下，立方体的8个角上分别有8个离子，你会发现立方体中心仍有一个空间可以容纳另一个离子——这种排列方式就是体心立方。如果立方体每个面的中心都有一个额外的离子，那么这种排列方式就是面心立方。除此之外，如果有6个离子围成的六边形圆圈把第7个离子围在中间，你可以想象一下用这样的方式排列7个橘子，然后在这一层摆好的橘子上再垒上3个橘子，在3个橘子之上又可以加一层7个橘子，以此类推，就组成了一种紧密的六边形结构，这就是密排六方结构。

研究晶体的结构可以帮助科学家深入了解地球上生命的演化过程，常用的研究方法是使用X射线晶体学来研究碳原子。当X射线穿过目标晶体时，晶体中的原子或离子使X射线散射，散射路径被记录在摄影胶片上，就形成了X射线散射图样。科学家可以从这些散射图样中反推出晶体的结构。1951年，罗莎琳·富兰克林（Rosalind Franklin，1920—1958）利用X射线散射发现了DNA的双螺旋结构。

## 小实验

### 自己生长晶体

熔融矿物或浓缩矿物液逐渐冷却时，就会在地下形成矿物晶体。这一冷却过程越慢，晶体长得越大。

### 实验步骤

将适量的晶体物质（糖、盐或明矾）溶解于一杯温水中，向温水中不断加入晶体，直到溶液中不能再溶解更多晶体为止。把一小块晶体系在一根细线的末端，悬在溶液中（可以把细线系在铅笔上，横着支在杯口上），然后保持几天。随着悬着的晶体从溶液中吸收更多的晶体溶剂，晶体会逐渐长大。由于新吸收的晶体粒子总会占据特定的晶格位置，因此生长出的晶体将与原来的晶体保持相同的形状。

# 密度与漂浮

**木头和钢，哪个更重？答案是：这取决于它们的大小。一块桌子大小的木头显然比一根大头针大小的钢要重，但是一吨木头确实和一吨钢一样重。**

一块钢可能比一块木头重，也可能比一块木头轻，这取决于它们的大小，但是，钢材的密度总是比木材大。物体的密度等于其质量除以其体积。钢材的密度大约是7800千克/立方米，而木材的密度只有大约700千克/立方米（具体取决于木材的类型）。平均来看，钢材的密度约为木材的11倍。

水的密度为1000千克/立方米，比木材大，但比钢材小。这就是为什么一块木头会浮在水面上，而一块钢会沉入水底。这种密度上的差异也是氦气（密度为0.18千克/立方米）气球能够飘浮在空气（密度为1.3千克/立方米）中的原因。要让某物浮起来，它的密度必须小于它所在的流体（液体或气体）的密度。冰的密度小于水，因此冰块可以漂浮在水中，冰山可以漂浮在海中。但是，冰的密度只比海水小一点点，这就是为什么冰山的很大一部分会隐藏在海面以下。在海面下的那部分冰山会危及任何靠近冰山的船只。

像集装箱船这样的钢制船之所以能在水中浮起来，是因为它是中空的。船在水中会排开与其自身重量相当的水。当船上没有货物时，它的吃水深度较小，而当船满载货物时，随着其自身重量的增大，吃水深度也会变大。

## 漂浮的冰山

冰山之所以能漂浮，是因为冰的密度小于海水的密度。冰的密度大约是水的密度的90%。因此，只有10%的冰会浮在水面之上，剩下的90%会被淹没在水面之下。

科学家有时会使用相对密度。相对密度即某物体的密度与水密度的相对比值，这是一个无量纲数。举例来说，黄金的密度为19000千克/立方米，其相对密度便为19（黄金的密度除以水的密度）。

### 密度和强度

钢是一种非常坚固的金属合金（金属的混合物）。铝没有那么坚固，密度也更小（2700千克/立方米）。因此，铝合金经常被用来制作太空火箭和飞机。一架钢制飞机的重量将是一架铝制飞机重量的3倍，因此钢制飞机的发动机功率必须是铝制飞机发动机功率的3倍才能使其飞离地面。

但是，一些低密度的材料也可以很坚固（强度很高），玻璃纤维和碳纤维等复合材料正是如此。复合材料是由两种或两种以上的材料组合而成的一种新材料，这种新材料比它的原材料性能更好、强度更高。玻璃纤维是将细如发丝的玻璃束固定在塑料树脂中制成的，它的强度比钢略高，但密度只有

### 科学词汇

**密度：**在规定温度下，单位体积内所含物质的质量。

**浮力：**浸入静止液体（或气体）中的物体受到的向上托的力。

钢的1/4。玻璃纤维可以用来制造小船的船壳、钓鱼竿和撑竿跳高运动员用的杆子。碳纤维是一种类似的材料，但强度比玻璃纤维更高。

### 漂浮与置换

物理学中一个最古老、最耳熟能详的故事是关于古希腊哲学家、数学家阿基米德（公元前287年—公元前212年）的。据说，在2200多年前，阿基米德爬进了一个盛满水的浴缸中洗澡，他刚一进浴缸，水就溢出来洒在了地板上。阿基米德看着地上的水反而非常高兴，当即跑到街上大叫“尤里卡”（希腊语“我找到了”的意思）。阿基米德发现的现象是，一个浸入水中的物体排开了与它自身体积相等的水。他还意识到，使物体在水中漂浮的力（所谓的上升力或浮力）等于它排开的水（或物体所漂浮的任何流体）的重量——这就是著名的阿基米德原理。任何自重大于浮力的物体都会下沉，而任何自重小于浮力的物体都会漂浮起来。

关于阿基米德的另一个故事展示了他是如何运用阿基米德原理的。阿基米德住在意大利西西里岛的锡拉库扎。一天，锡拉库扎国王向他求助，因为有人向国王敬献了一顶黄金王冠，他问阿基米德能不能在不熔化或毁坏王冠的前提下判断它是不是由纯金制成的。阿基米德首先给王冠称重，随后将其浸入一盆水中，并测量了王冠排开的水的体积——排开水的体积应当等于王冠的体积，因此阿基米德用王冠的重量除以它的体积就得到了王冠的密度。阿基米德知道纯金的密度，一对比，便知道了这顶王冠是不是由纯金制成的。遗憾的是，史料并没有记录最后的判断结果，因此我们无从得知那顶王冠是否是纯金的。

#### 阿基米德原理

当一个重物被悬吊在水中时，它的重量似乎变小了，并且变小的重量等于它排开的水的重量。

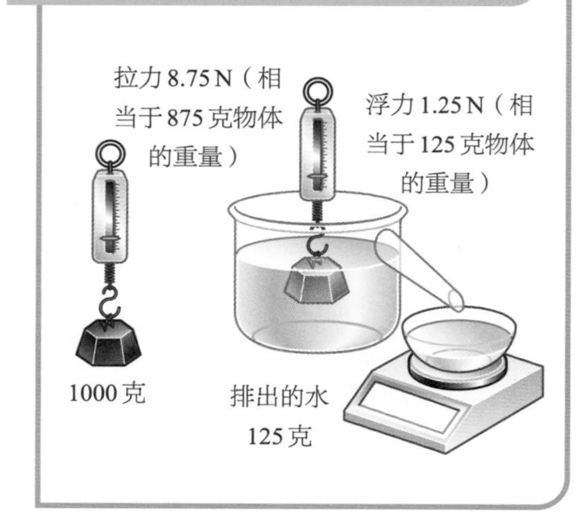


#### 阿基米德

阿基米德是一位古希腊哲学家、数学家。他住在意大利西西里岛的锡拉库扎。在数学上，他发现了测量土地面积和物体体积的新方法，并发展了处理非常大的数的方法。他发明了一种旋转水泵，用倾斜放置的旋转桨叶从河中打水，还制造了滑轮组用来提升重物。但阿基米德最著名的成就是发现了阿基米德原理，该原理揭示了浸没在液体中的物体受到的向上的浮力等于被排开的液体的重量。公元前215年，古罗马开始进攻锡拉库扎城，3年后，阿基米德被一名攻进城的古罗马士兵杀死。

当加热热气球内部的空气时，内部空气的密度就会变得比外部空气的密度小，因此热气球就会升空。

## 船舶与潜艇

虽然钢的密度比水大得多，但钢制船仍可以漂浮于水上，现在我们就来揭示缘由。一块实心的钢块一定会沉入水中，但钢制船的船体是中空的，而在水中，中空船体没入水下的部分会排开与自身体积相等的水，而排开的水的重量即为船的重量，因此船就能浮起来。一艘船的重量通常用排水量吨位来表示。一些现代超级油轮的排水量超过50万吨。类似的，飞艇在空中飘浮时，也会排开与自身体积相等的空气。热气球里的空气密度比它飘浮时排开的空气的密度小。

潜艇也有一个中空的船体，但是，潜艇中空船体的周围包围着一层被叫作“压载舱”的水箱。当潜艇在水面上漂浮时，压载舱是空的，当潜艇需要迅速下潜时，压载舱会开始进水，潜艇的重量逐渐变大，潜艇便开始下潜。当潜艇需要再次浮出水面时，压缩空气会被压入压载舱中，使水从压载舱中排出来，因此潜艇又浮了起来。这个上浮下潜的原理对于小型潜水器和大型核潜艇来说都是一样的。

### 潜艇

随着浮力的变化，潜艇在水中垂直下潜或上浮。让水进入压载舱，或用压缩空气将水排出压载舱，都可以改变潜艇所受浮力的大小。

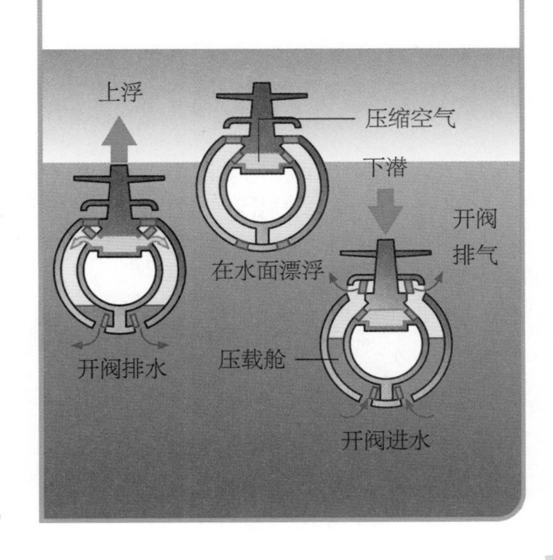

# 热能

**热能是能量的一种形式。热的物体具有热能，这种能量“储存”在物体内部振动的原子或分子中。这些粒子振动得越厉害，物质的温度就越高，而低温物体中的粒子振动得不那么剧烈。**

能量有许多不同的形式。例如，光和电都是能量的形式。运动的物体具有动能，而静止的物体具有势能。此外，每个物体都含有一定的内能，这些内能存在于构成该物体的原子或分子的微小振动中。我们把这种内能称为“热能”。严格来讲，热能指的是从一个较热的物体转移到一个较冷的物体的能量——因为它们两者的温度不同。

一根烧得通红的钉子比一桶温水要热得多，但是，这桶温水比烧红的钉子含有更多的热能。热的程度就是一个物体的温度，它取决于该物体的组成粒子（原子、分子等）振动的剧烈程度。这桶温水比钉子含有更多的粒子，因此尽管这桶温水的温度要比烧红的钉子低得多，但这桶温水却“储存”了更多的热能。对一个物体加热会使其温度升高，而使它散热则会产生相反的效果——使其温度降低。

## 科学词汇

**卡路里：** 热量单位，简称卡，等于在 1 个大气压下，将 1 克水提升 1 摄氏度所需要的热量。

**大卡：** 1000 卡路里。

**焦耳：** 能量单位，等于 1 牛顿的作用力在力的方向上移动 1 米距离所做的功。

## 热量单位

热能是能量的一种形式，热量是热能改变的一种量度，它的单位是焦耳（J）。1 焦耳等于 1 牛顿的作用力在力的方向上移动 1 米距离所做的功。所有形式的能量和功都可以用焦耳来计量。

另外一个比较传统的热量单位是卡路里（cal）。1 卡路里等于在 1 个大气压下，将 1 克水提升 1 摄氏度所需要的热量。卡路里是一个很小的单位，在实际运用中，人们通常使用千卡（kcal）作为单位。1 千卡等于 1000 卡路里。不过让人困惑的是，研究食物能量值的营养师通常称这个单位为

森林火灾在大风的助势下很快就失去了控制，这说明了火的巨大潜在破坏力。

“大卡”（Cal），即1大卡等于1千卡，也就是1000卡路里。通常情况下，食物标签中会忽略大写C，所以一颗标着“200cal”的糖果实际上含有200大卡的能量——足以使2千克的水沸腾。

有时候我们需要把卡路里换算成焦耳（或者反过来把焦耳换算成卡路里），记住，1卡路里大约等于4.2焦耳。

## 小实验

### 热水更稀

热水比冷水更“稀”，因此热水更容易流动。下面是一个简单的演示实验。

### 实验步骤

准备两个干净的纸杯（如果纸杯之前用过，请彻底清洗干净）。用大头针在两个杯子的底部中心位置戳一个小孔。小心地向其中一个纸杯中倒入大约3/4杯热水（接近沸腾），然后将纸杯放在一个平口玻璃杯上面。往另一个纸杯中倒入同样3/4杯冷水，并加入几块冰块，然后把这个杯子放在另一个平口玻璃杯上面。现在观察两个杯子底部小孔位置的水滴滴落的速度。

热水会比冷水更快地通过杯底的小孔。这是因为热水“更稀”——用科学术语来讲就是，热水的黏性更小（黏性越大，液体就越稠，如糖浆）。热水中的水分子比冷水中的水分子运动要快得多，正因如此，它们才更容易发生相互滑动，才会更快地穿过小孔。

热水从小孔中滴落的速度比冷水快。

# 产热

**热可以通过多种方式产生——燃烧、通电，甚至是搓手，你也可以从太阳光的照射中感受到热。地核也是一个热源，人们可以利用地核的热来收集地热能。核反应堆也会产生热量。**

热能是一种能量，它通常是由其他形式的能量转换而来的。例如，当一块煤燃烧时，煤中储存的化学能就会通过燃烧反应以热能的形式释放出来。任何形式的燃料燃烧时，其内部储存的化学能都会转化为热能，这些热能可以用于发动机（如卡车的柴油发动机）做功。

家庭和工业用的另一种热源是电力。电加热器的原理是当电流流过一根有电阻的导线时，导线就会产热。电加热器需要采用特殊的金属丝，以确保其在通电产热时不会在空气中熔化或钝化。

### 科学词汇

**摩擦力：** 阻止或减缓一个表面相对于另一个表面运动的力。摩擦力会导致热量的产生。

**地热能：** 来自地下深处（如间歇泉、温泉和火山）的一种热能。

**热能：** 因物体内部组成粒子（原子或分子）的振动而产生的能量。

### 机械能生热

18世纪90年代，伦福德伯爵（本杰明·汤普森，1753—1814）观察到了机械能转化为热能的现象。他正确地认识到：在制造炮管的过程中，由于钻头和炮管金属之间的摩擦，钻孔机的一部分机械能转化成了热能。他还把炮管和钻头浸没在一个水箱里，过了一会儿，水箱里的水因为炮管内钻头摩

### 产热

六种热：燃烧热、电力热、太阳辐射热、摩擦热、地热和核能热。

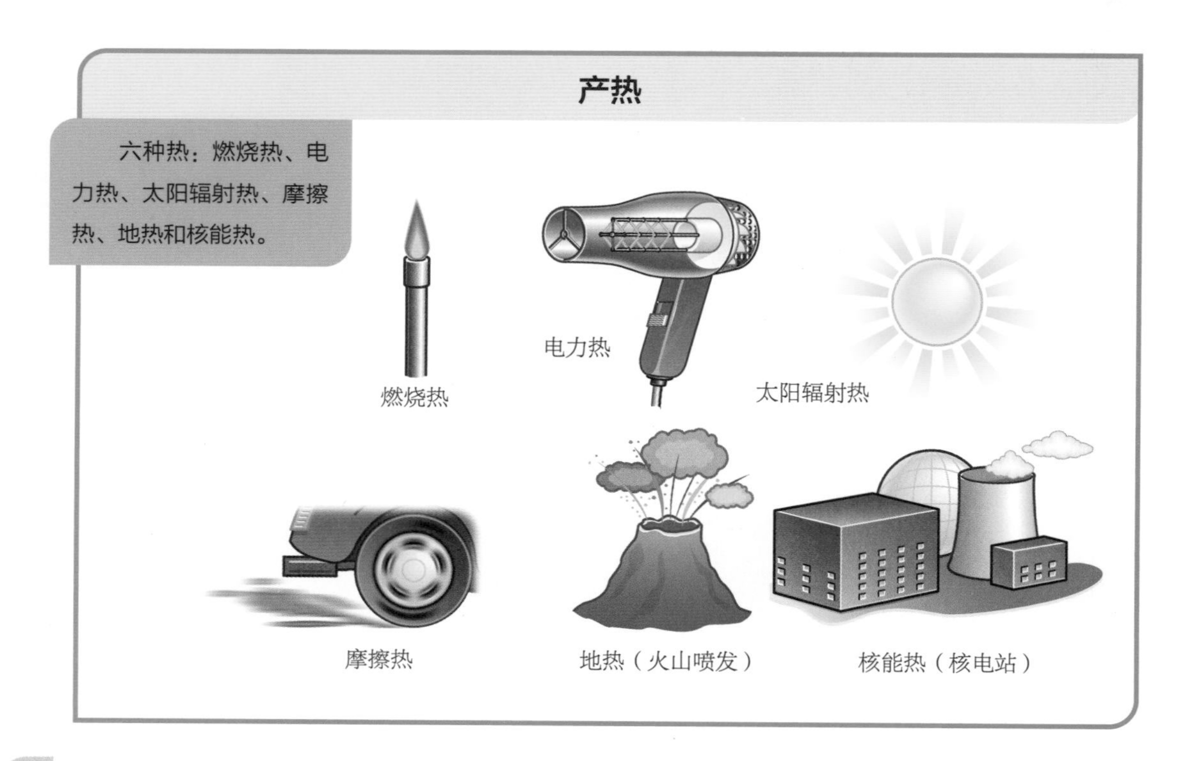

擦产生的热量而沸腾了。摩擦热对任何有运动部件的机械来说都是一个大问题。工程师们为转轴设计了特殊的轴承，同时使用润滑油来减少摩擦。另外，许多钻孔机和铣床上配有一种润滑液体，这种润滑液体可以流过工件以带走零件加工时因摩擦产生的热量。

### 其他热源

严格来讲，自然界的各种物体都是热的，都可以向外释放出热能，如太阳（在晒太阳的时候，你可以感受到热）和地球。地核的温度约为4000摄氏度，地核外层环绕着一层厚达3000千米的熔融岩石地幔，再往外一层是地壳。工程师可以采用向地壳深处钻孔的方法来获取地球内部的热能，温泉和火山也可以把这些地热能带到地表。

上图显示了直线加速赛中赛车的后轮在起步时的旋转（“烧胎”）。摩擦使轮胎表面迅速升温，当汽车疾驰而去时，轮胎表面甚至会烧起来。

#### 伦福德伯爵

伦福德伯爵于1753年出生在美国马萨诸塞州，本名本杰明·汤普森。作为一个农民的儿子，他后来成为一名政治家和物理学家。在美国独立战争期间，他从事间谍活动。1775年，他去了英格兰，后来又移居德国巴伐利亚，在那里当上了伯爵。后来，伦福德伯爵观察钻孔机对炮筒钻孔的过程，注意到炮筒变得很热，于是意识到热是摩擦产生热量的一种表现。1798年回到英格兰后，他发明了很多设备，包括厨房火炉、煤油灯和光度计——他用它来测量光的亮度。

# 热度与温度

**我们都知道温度高的东西就是热的。温度是物体热的程度（热度），用来衡量物体内部原子或分子振动的剧烈程度，科学家用温标来表示温度。**

想让物体变热，就必须给它提供热量。你可能会理所当然地认为：让某个物体变得更热，可以将一个不太热的物体A和另一个很热的物体B接触，使物体A的热量传递给物体B，从而使物体B变得更热。然而，这是违背热力学定律的。热力学定律的其中一条为：热量不会自动从较冷的物体流向较热的物体，它只会从较热的物体流向较冷的物体。为了测量物体的温度，我们需要使用温度计。温度计必须能够区分热度。这种热度的区分刻度便形成了一个温标。几百年来，人们发明了各种温标，大多数温标有至少两个固定温度点，如水的冰点和沸点。

有几种常见的温标是以其发明者的名

熔炼钢铁的高温炉的温度可以达到2000～2300摄氏度。

## 温标

常用的几个温标分别是：华氏温标，在美国等国用于天气预报和日常生活；摄氏温标（旧称“百分度温标”），在欧洲大多数国家用于科学测量和日常生活；开氏温标，以绝对零度为基础。

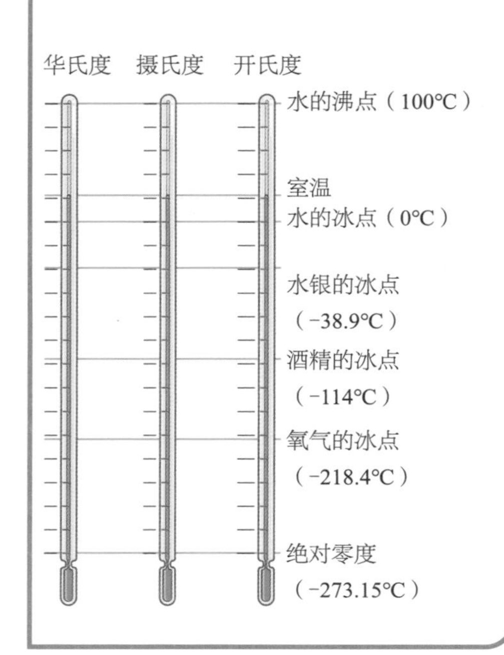

字命名的。德国物理学家加布里尔・华伦海特（Gabriel Fahrenheit，1686—1736）在1709年制成了世界上第一个酒精温度计，并发明了华氏温标。在华氏温标中，水的冰点是32华氏度，而沸点是212华氏度。瑞典天文学家安德斯・摄尔修斯（Anders Celsius，1701—1744）于1742年发明了摄氏温标。在摄氏温标中，水的冰点为0摄氏度，沸点为100摄氏度。因为在摄氏温标中从冰点到沸点跨过的温度范围总共有100个刻度，因此它最初被称为“百分度温标”。

热力学温度是以原子和分子运动的剧烈程度为标尺的。热力学所能达到的最低温度被称为“绝对零度”，即零下273.15摄氏度。在这个温度下，原子和分子的运动完全停止，所以没有任何东西会比绝对零度更冷。根据热力学定律，绝对零度永远无法达到，而只能无限逼近。热力学温度所使用的温标是开尔文温标（或称“开氏温标”），开氏温标的绝对零度即为0K，而水的冰点是273.15K。

开氏温标的1个刻度等于摄氏温标的1个刻度。与固定温度点不同，当表示温度差时，通常使用开氏度（K）而非华氏度或摄氏度。开氏温标是根据苏格兰物理学家威廉・汤姆森（William Thomson，1824—1907）的头衔命名的，他于1892年因对科学的贡献而被封为开尔文勋爵（Lord Kelvin）。

### 科学词汇

**绝对温标：** 从绝对零度开始的温标，也被称为“开氏温标”。

**摄氏温标：** 将水的冰点（0℃）和沸点（100℃）之间划分为100个刻度的温标，旧时也称为“百分度温标”。

**华氏温标：** 水的冰点（32℉）和沸点（212℉）之间有180个刻度的温标。

当烧水壶中的水沸腾时，水壶提供的额外热量会将沸水转变为水蒸气，这部分热量就是汽化潜热。

**把水的温度提高到沸点需要一定的热量。如果继续加热沸水，那么水就会变成水蒸气。水变成水蒸气所需要的额外热量就是潜热（latent heat）。**

当固体熔化成液体，或液体沸腾变成气体时，我们就说物体状态（物态）发生了变化。当气体凝结成液体或液体凝固成固体时，物态同样发生了变化。物态的每一次变化都涉及热量的吸收或释放。融化冰需要热量，这些热量不仅用来提高冰的温度，还用来把冰从固体变成液体——这部分热量就被称为“潜热”。1千克冰需要80千卡热量才能融化，而它的温度仍然会保持在冰点（0℃）。科学家把冰融化的潜热描述为80千卡/千克，可以想见，水结冰时的潜热一定也是80千卡/千克。你必须从1千克的水中“拿走”80千卡的热量才能把它变成冰。类似地，物体从液体转变成气体时也有汽化潜热。

对于水来说，1千克100℃的水转变为1千克水蒸气（仍然是100℃）需要吸收540千卡的热量。而将1千克100℃的水蒸气转变为1千克100℃的水也同样需要释放540千卡的热量。液体蒸发会从周围环境中带走热量，出汗让人感觉凉爽，就是因为汗液蒸发时的汽化潜热从皮肤表面被带走了。

## 固体的升华

有些固体不同寻常，当它们被加热时，它们不经历熔化的过程就直接变成了气体——这一过程被称为“升华”。固体升华的本质原因是在大气压下该固体的沸点低于其熔点。能发生固体升华的物质有固体二氧化碳（干冰）和碘。在高于-78.3℃时，固体二氧化碳会直接升华为二氧化碳气体。

二氧化碳和碘在标准大气压下就会升华，而其他固体可以通过极大地降低气压的方法升华，这也就是食品冷冻干燥过程的基本原理。食物在低压下被冷冻，这样冰就会升华，从而留下脱水产物。相反，在高压下，原本在标准大气压下升华的物质可以熔化，例如，液体二氧化碳可以在高压下制得。

## 科学词汇

**潜热：** 一种物质发生状态变化时所吸收或释放的热量。熔化潜热是固体在达到熔点转变为液体时所需的热量（数值上与凝固潜热相同）。汽化潜热是液体在沸点下转变成蒸气所需要的热量（数值上与液化潜热相同）。

**汽化：** 通过加热使液体转变为气体的过程。

## 隐藏的热

潜热的“潜”代表“隐藏的”，这张图展示了隐藏的热量（潜热）到底去哪儿了。首先，以每分钟 10 千卡的加热速度融化 1 千克的冰，总共需要吸收 80 千卡的热量。随后，当水被加热到沸点后，还需要 540 千卡热量才能把 1 千克的水变成 1 千克的水蒸气。

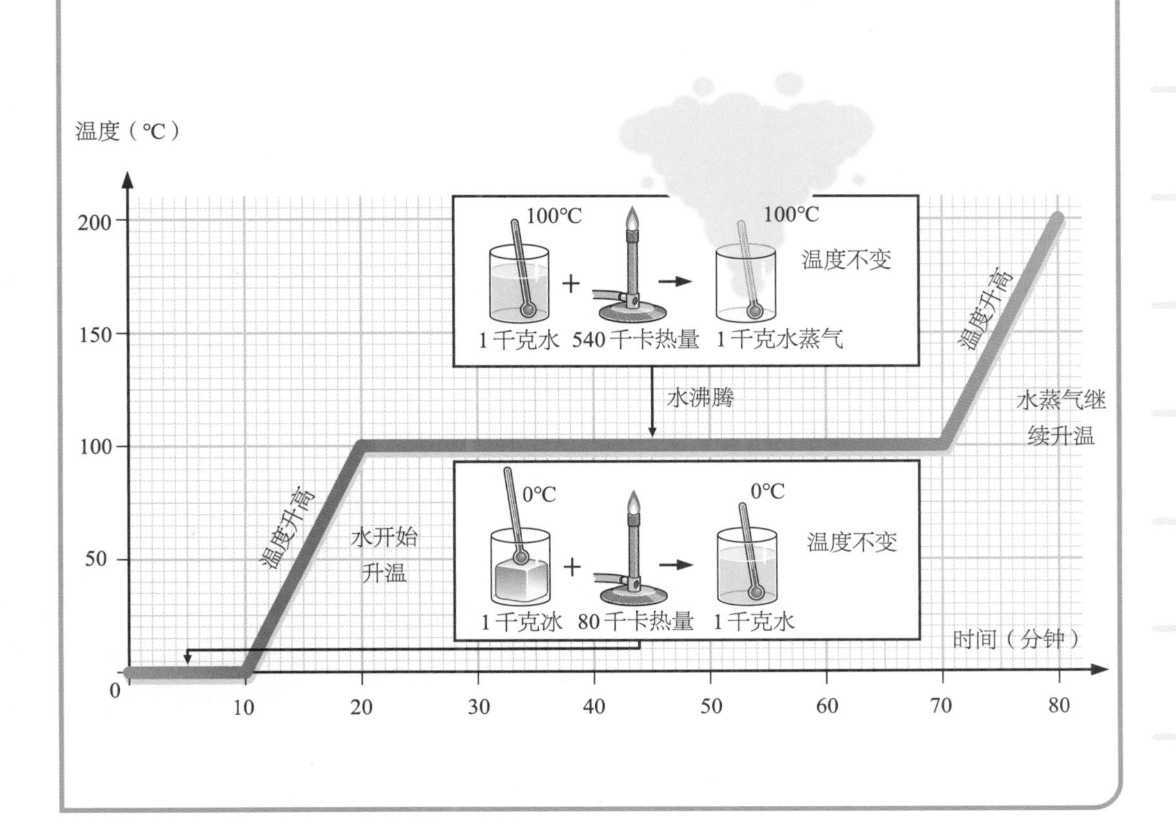

# 液体的膨胀

**对于物理学家来说，任何种类的气体或液体都是流体，如空气、蒸气或水。气体和液体可以被统称为“流体”，这是因为气体和液体有一个共同的特性：它们都能流动。流体还有另一个特性：受热时会膨胀。流体的这种受热膨胀特性可以用于多种温度计中。**

液体或气体没有固定的形状，它们只是占据了容器的一部分体积，并呈现出装它们的容器的形状。因此，对于流体而言，只有体积膨胀而非形状改变才能被测量。

对于液体来说，其膨胀量用体积膨胀系数（也称“体胀系数”）来表示，即当温度每升高 1℃ 时，液体膨胀的体积变化与 0℃ 时原体积的比例。液体的体胀系数一般都非常小，但仍然比固体的体胀系数大一个数量级，并且体胀系数会随测量时的温度而变化。

### 水银的膨胀

一小勺水银（汞）约为 5 毫升，大约是一支实验室用的大号温度计中水银的含量。下图显示了这些水银在被加热到 50℃ 和 100℃ 时的膨胀程度。

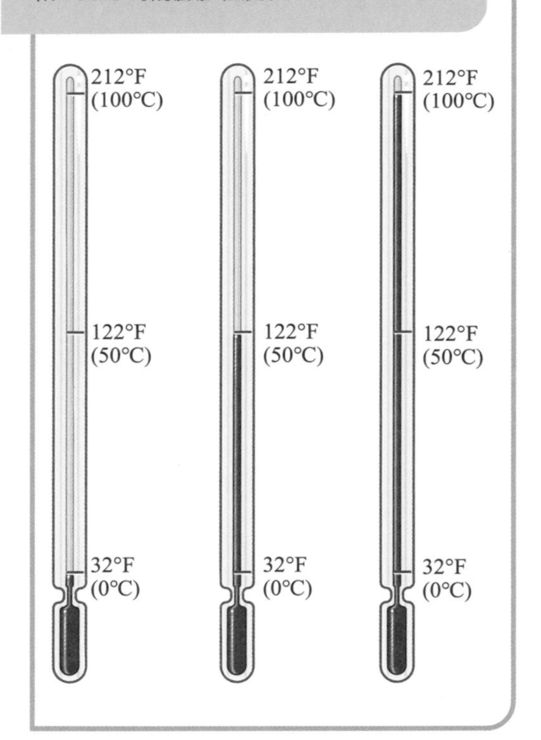


## 测量液体的体胀系数

定义液体的体胀系数相对简单，但想要测量它却是另一回事。这是因为液体必须被盛放在某种容器中，而要测量该液体的体胀系数就必须考虑容器本身的膨胀。

这个问题其实也不难解决：可以在玻璃烧杯侧面与液面平齐的位置做一个标记线，当加热烧杯底时，烧杯内液体的液面会随着烧杯本身的膨胀而下降。而当加热的热

量传递给液体时，液体就会膨胀，液面又会上升到标记线之上。所以，用这种方法我们能测量液体的表观体胀系数。也正是由于这个原因，物理学家有时会区分液体的绝对体胀系数和表观体胀系数。如果我们知道烧杯材料（也就是玻璃）的体胀系数，那么我们就有办法解决这个问题。

### 特殊的水

冰是一种不寻常的固体——其在降温冷却时反而会膨胀。作为冰的液态形式，水也是一种不寻常的液体，水从0℃升温到4℃时，其体积会缩小，而当温度超过4℃时，水的体积又开始膨胀，同其他大多数液体一样。

因为密度等于质量除以体积，而加热

图为一辆坦克发射炮弹的场景，受热气体膨胀推动着炮弹从炮管中发射出来。

## 小实验

### 攀爬的水

在这个小实验中，你将使液体加热膨胀，并观察其在管子中的垂直攀爬过程。

### 实验步骤

取一个塑料瓶。取下塑料瓶的瓶盖，在瓶盖的顶面中央打一个圆孔，把一根吸管从孔里穿过去。如果孔不够大，可以用一把尖头剪刀在孔里反复转动使孔扩大。将少量墨水（如红墨水）加入非常冷的水（可以用刚化开的冰水）中，搅匀，然后注入塑料瓶中（注入塑料瓶容量的一半即可）。把吸管从瓶盖上的孔里慢慢往下压，直到吸管底部快要接近瓶底的位置，随后把瓶盖拧紧。用黏土或橡皮泥堵住吸管和瓶盖孔处的缝隙，使其密封，然后把整个瓶子放在一个桶里或大碗里，向桶里或大碗里倒入热水，直到热水的水位和瓶子里的水位相同，然后观察现象。

当瓶子里的有色水被桶里或大碗里的热水加热时，它就会膨胀。因为吸管的上端是开着的，所以有色水就会沿着吸管向上攀爬，甚至可以一直到达吸管的顶部，然后喷出，形成一个小型喷泉。常用的液体温度计就是利用这一原理制成的。

有色水在吸管里上升，甚至可以像一个小型喷泉一样喷出来。

并不会改变水的质量，因此水的密度必然在4℃时最大。水的这种反常效应对鱼类有着重要的影响：在冬天靠近湖面的水逐渐降温到4℃时，靠近湖面的水密度增加，因而会慢慢沉到湖底，而温度稍高的水会上升至湖面。最终，湖面处水的温度也会降到4℃；当温度进一步下降时，更冷的水仍然会浮在湖面上，因为其密度比下面4℃的水的密度更小，因此即使湖面完全结冰，冰面以下的水仍然可以保持液态，并且其温度为4℃。这为鱼类在冬天的生存提供了必要的物理条件。

气压保持不变时，加热气体会使气体体积膨胀。和液体一样，气体也有体积膨胀系数（体胀系数），气体体胀系数的定义是当气体温度每升高1℃（恒压）时，气体膨胀的体积变化与0℃时原体积的比例。人们发现，气体体胀系数对所有气体都是相同的，均为0.00366，写成分数是1/273——查理定律所描述的值。查理定律指出，在恒压下，温度每升高1℃，给定质量的气体的体积相比于其在0℃时的原体积就增加1/273。因此，气体在恒压下的体积正比于它的绝对

### 科学词汇

**膨胀系数：**用来度量物质在受热时膨胀的程度。

**体积膨胀系数：**用来度量物体（固体、液体或气体）在受热时体积增加的程度。

### 查理定律

温度每升高（或降低）1℃，定量气体的体积相比于其在0℃时的原体积就会增加（或减少）1/273。因此，0℃时体积为10立方米的气球，在137℃时体积会增大50%，达到15立方米，而在273℃时体积会增大一倍，达到20立方米。

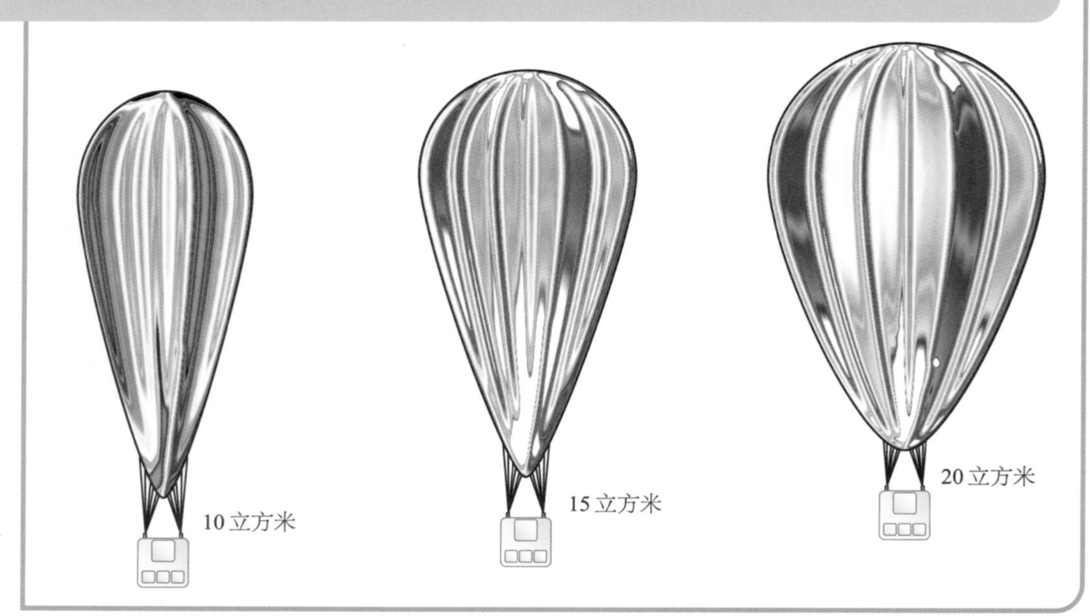

温度，也就是其开氏温度。开氏温度的数值等于摄氏温度的数值加上273（准确来说是273.15）。

气体还有另一种膨胀系数，即气体保持体积不变时受热产生的气体压力的变化值，它被称为气体的压力系数，为0.00366，与体胀系数完全相同。这个巧合其实并不令人惊讶，因为这两个系数都表示加热对于分子热运动的影响。在恒压下，加热使分子获得更多的能量（主要是动能），彼此分开得更远，因而体积就会增大。而在体积不变的情况下，能量越大的分子与容器壁碰撞的频率越高，因而压力增大。

### 气体做功

加热气体时产生的压力可以用来做功，例如可用于蒸汽机、内燃机（汽油和柴油动力）、汽轮机和气动工具中。受热膨胀的气体也可以作为火箭和枪炮弹药的推进动力。气球中也含有气体，如热气球中的空气受热膨胀，其密度小于气球外的空气，因而会推动热气球上升。另外，给气球充气时也必须考虑气体加热引起的膨胀，正如查理定律所描述的那样。

## 小实验

### 跳舞的硬币

加热可以使固体、液体或气体膨胀。这个实验演示了空气膨胀产生的有趣效果。

### 实验步骤

在瓶子口处放一枚一角硬币（正好能盖住瓶口）。在硬币的边缘滴一点水，使硬币和瓶口之间密封。双手握住瓶子20秒左右，小心不要让硬币偏移或掉落。随后硬币便开始上下跳动，发出啪啪声。把瓶子拿在手里一会儿再放下，硬币将会继续跳舞。

当你手握瓶子时，手上的热量会加热瓶内的空气。这些热量会使瓶内的空气膨胀。空气必须推开硬币才能从瓶内逸出来，所以硬币会不停地跳动，直到瓶内的气压与瓶外的气压相等。

当热空气从瓶内逸出时，硬币会在瓶口上“跳舞”。

# 沸腾与蒸发

**当被加热到一定温度时，液体便会沸腾，继而蒸发变成气体（通常称为“蒸气”）。蒸汽（注意不是“蒸气”）特指水沸腾时形成的气、液二相混合物。即使还没有达到液体的沸点，液体也可以在自身蒸发时产生蒸气。**

液体中的分子可以自由移动，因而自由流动的液体会占据容器并形成容器的形状。当液体被加热时，吸收的热量使分子运动得更快，相互之间距离更远。当温度达到沸点时，这些分子之间的距离变得如此之远，以至于液体变成了气体，这就是汽化的过程。一般来说，在被加热的容器底部的液体首先变成气体，这些气体以气泡的形式迅速向上移动，在液体中产生泡沫。当气泡到达液体表面并破裂时，我们就说此时的液体达到沸腾状态了。

不同的液体有不同的沸点。例如，水的沸点是100℃，而乙醚的沸点只有34.5℃。乙醚的沸点很低，一滴乙醚放在掌中就会沸腾。而水银的沸点高达358℃，这就使得水银特别适合制作液体温度计。用于制造灯丝的金属钨具有最高的沸点，高达5660℃，几乎相当于太阳的表面温度。

## 改变沸点

影响液体沸点的因素有很多。当液体小气泡内的气压与液体液面处的气压相同时，液体就会沸腾。因此，当我们改变液体液面处的气压时，液体的沸点就会跟着变化。高山顶上的气压比海平面处的气压小得多，因此，水在高山顶上的沸点也相应变低。举例来说，在海拔大约3000米的高

## 逸出的水分子

在沸腾时（a），具有很高能量的“热”水分子从水的表面逸出，并在水中形成蒸汽气泡。在蒸发时（b），即使没有被加热，具有足够高能量的水分子也会逸出水面。而这一过程会导致水损失一部分热量，因此水变得更凉了（c）。

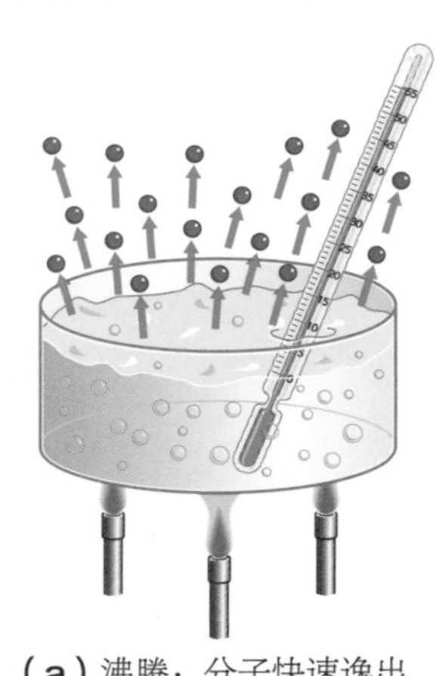

（a）沸腾：分子快速逸出

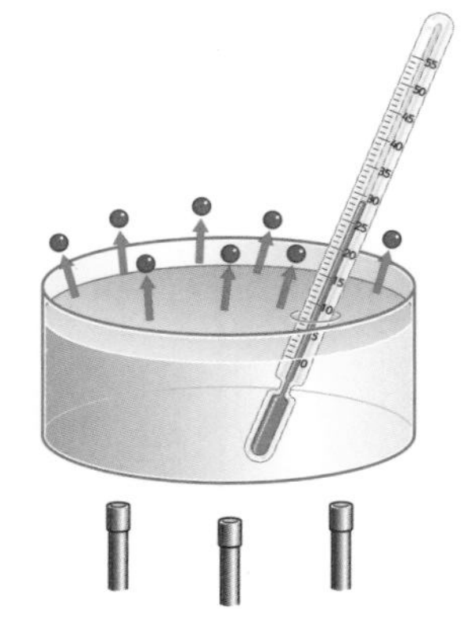

（b）蒸发：分子缓慢逸出

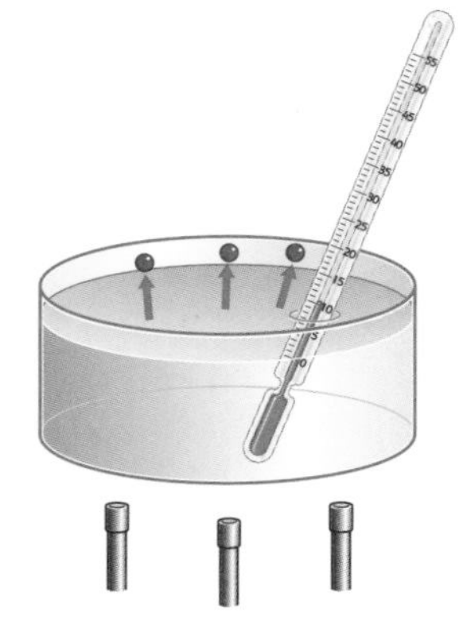

（c）蒸发导致降温

度，水会在90℃左右沸腾，所以登山爱好者发现在山顶上很难煮出一杯好咖啡，因为那里的气压较低，水烧得不够热。

18世纪，美国科学家本杰明·富兰克林（Benjamin Franklin，1706—1790）做了一个简单的实验，证明了气压对沸水的影响。富兰克林把烧瓶里的水加热到沸腾，然后用软木塞封住烧瓶口。当水冷却时，沸腾停止了。然后他把这个封口的烧瓶倒过来，往瓶底上浇了些冷水。烧瓶内水面上方的一些水蒸气遇冷凝结，使烧瓶内的气压小于外部的气压，结果烧瓶里面的水又开始沸腾了。

增大气压会使液体以更高的温度沸腾。这一原理通常用在给手术器械消毒的高压消毒室，以及用来烹饪食物的高压锅上。

正在喷发的温泉或间歇泉给人留下深刻的印象。在间歇泉的下方深处，地下水沿着地下通道流向地下炽热的岩石。岩石的热量使地下水沸腾，形成蒸汽。持续不断的水产生大量的蒸汽，这些蒸汽的压力逐渐增大，最后在地下通道中发生爆炸，将通道上方的水压出地表，形成喷泉。

如果高压锅内的气压上升到标准大气压的两倍，锅内的水便会以120℃的温度沸腾，因此，食物就会熟得更快些。而在15倍标准大气压下，水的沸点可以达到200℃。

## 提高沸点

液体的沸点也取决于液体的纯度。不纯净的液体比纯净的液体沸点要高。这就是在水中加入盐后水的沸点会提高的原因。土豆用加了盐的盐水煮比用纯水煮要熟得更快。沸点上升多少取决于所添加物质的浓度，反过来，知道沸点也可以推算出液体中所溶解物质（溶剂）的含量，化学家通过测量沸点上升值来推算溶液的浓度。

## 蒸发

加热液体使其沸腾可以将液体转变为气体，但蒸气也可以在不进行任何加热的情况下形成。雨后形成的水坑会逐渐干涸，那

### 科学词汇

**大气压力：**地球的大气在地球表面任意一点的压力，由该点上方的竖直空气柱自身的重量产生。大气压力随海拔升高而降低。

**沸点：**液体变为气体的临界温度。

**凝结：**气体变成液体的过程，凝结形成的液体有时也被称为“凝结液”。

### 水循环

水循环描述了地球上的水是如何在云层、海洋、湖泊和河流之间循环流动的。海洋包含地球上约97%的水，湖泊与河流里的水约占0.014%，而云层中的水大约只占0.001%，其余的水大部分被封在南北极的冰冠和冰川中。

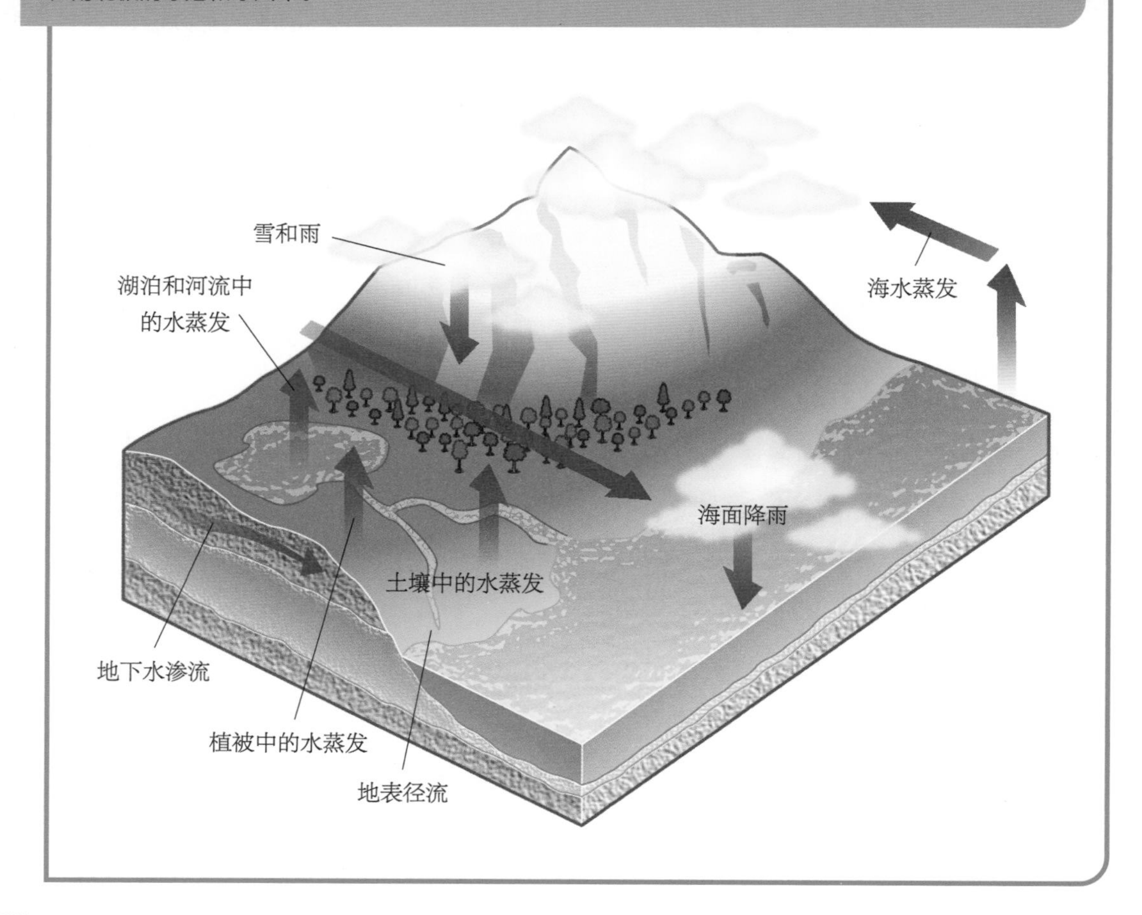

么水去哪里了？答案是变成了蒸汽。我们知道，液体中的分子会到处移动，在液体表面，一些运动较快的分子直接逸出液体表面形成蒸气——这个过程称为“蒸发”。蒸发可以在任何温度下发生，但会随着温度的升高而加速。

蒸发过程中更快离开液体表面的分子会带走液体的热量，因此，剩下液体的温度会变得更低。这就是为什么挂在外面晾干的衣服摸起来感觉比较凉——因为衣服里的水蒸发带走了热量。这也可以解释人体出汗的冷却作用。当人或其他动物出汗时，汗液蒸发带走了热量。一种简单的饮料冷却装置也利用了相同的原理（见右边的小实验）：这种装置其实是一个浸在水里的多孔壶（如一个没有釉面的花盆），饮料盒或饮料瓶放在壶里就可以保持凉爽。这是因为当水从壶表面蒸发时会带走热量，从而使壶里的饮料保持凉爽。一些酒瓶冷却装置用的也是同样的原理。

## 水循环

我们都知道雨水来自云，但是云里的水又从何而来呢？这些水来自河流、湖泊和海洋中蒸发的水分。水以水蒸气的形式升上天空，冷却后凝结成小水滴，这些小水滴聚集在一起，就形成了最初的云。植物的蒸腾作用也会释放水蒸气，同样会增加大气中水蒸气的含量。云被风吹来吹去，云中的小水滴变得越来越大，最终以雨的形式落下。如果气候足够冷，那么它们就会以雪的形式落下。地面融化的雪水和雨水形成小溪和河流，最终又流回大海。一部分水从地面蒸发，另一部分水则渗入地下，最终在泉水喷发时重新回到地面，或者被植物吸收，在植物叶子的蒸腾作用下以水蒸气的形式返回大气中——这种水在自然界中的完整循环过程就叫作“水循环”。

### 小实验

**给饮料保冷**

夏天，如果没有冰箱，你怎么才能让饮料保持凉爽呢？可行的做法是利用一种已经有几百年历史的科学方法。

**实验步骤**

将未上釉的陶土花盆浸在一桶水中过夜。第二天，往一个碗中倒入一些冷水，再将饮料瓶放入冷水中，用倒置的陶土花盆盖住它。然后，在花盆底部的漏水洞上放上一块小石头，这样饮料就能保持凉爽。

在这个实验中，水从花盆的表面不断蒸发。在蒸发的过程中，水吸收并带走了周边环境的热量。因为未上釉的陶土花盆是一种多孔结构，它会像海绵一样不停地从碗里吸水，所以花盆会一直保持湿润，蒸发也就能持续不断地进行。你可以时不时地喝一口饮料，看看它是不是凉的。

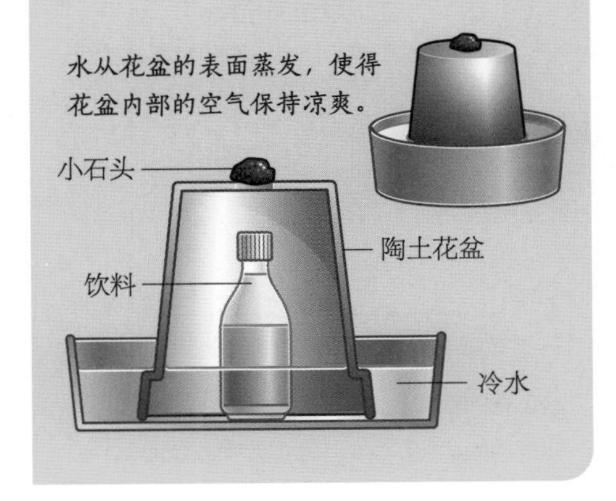

# 固体的膨胀

**固体受热时，组成固体的粒子振动得更为剧烈。这些粒子振动得更剧烈，从而占据了更多的空间，结果固体膨胀，变得更大。固体被加热的温度越高，膨胀得越厉害。**

固体的膨胀（特别是金属膨胀）可能会引发一些工程上的麻烦。它会导致火车铁轨弯曲、混凝土道路开裂等问题。在中东地区，白天的高温会导致输油管道变长，如果这些输油管道没有安装膨胀保护环，那么它们就会变得弯弯曲曲甚至爆裂开来。在夏天的时候，输电电缆受热变长，有时候会下垂到非常危险的高度。尽管如此，固体的膨胀有时也是有用的。有些温度计和恒温器正是利用两种不同膨胀率的金属相连（双金属条）来工作的。

## 金属的膨胀

不同的金属受热膨胀的程度不同。下图展示了原长均为5米的不同金属在被加热到50℃时各自的膨胀量。

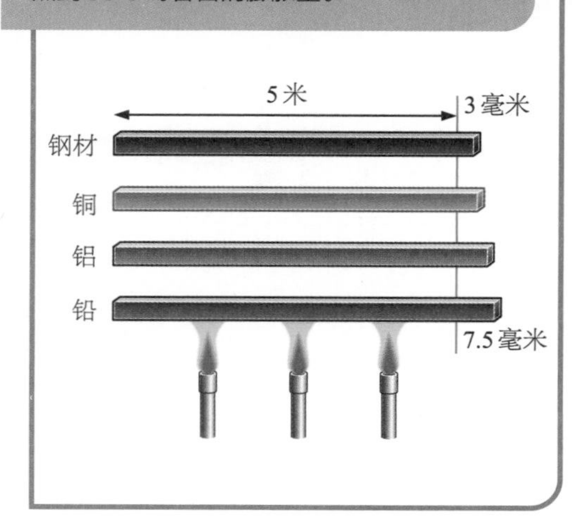

## 运动的分子

组成固体的粒子的振动剧烈程度就是固体表观温度的定义。增加热量，粒子振动得更剧烈，固体的表观温度更高。这些粒子运动的另一个表观现象就是固体的膨胀。一座大桥在夏天的时候可以伸长1米甚至更长，桥梁膨胀的程度取决于桥是由什么材料制成的，比如，钢材通常比混凝土膨胀得更多。

## 测量膨胀

线膨胀系数（也称“线弹性系数”）可以衡量固体受热时长度的增加值。线膨胀系

桥梁的金属大梁在夏季的高温下膨胀，这些大梁下方装有滚轴，允许大梁有一定量的移动，从而避免了桥梁的结构损坏。

## 科学词汇

**双金属条：** 两种不同类型的金属连接在一起形成的条。因为两种金属的膨胀率不同，所以受热时双金属条会朝膨胀率较小的一边弯曲。

**线膨胀系数：** 用来度量固体受热时长度增加的程度。

**固体：** 物质保持自身形状的一种聚集状态（不像气体或液体那样无定形）。

数是指温度每升高1℃，固体膨胀的长度与原长度的比例。加热固体时，固体的体积也会增加，因此固体也有一个体积膨胀系数（和液体和气体一样）。例如，一个立方体固体被加热时，会在三个维度（长、宽、高）上同时增大。因此，固体的体积膨胀系数通常是其线膨胀系数的三倍也就不足为奇了。

## 气体控制阀门

当阀门打开时，气体进入燃烧室。当热炉热起来之后，一根黄铜外管在热炉里受热膨胀伸长，带动一根不变钢（一种受热时不会膨胀的合金）内杆移动，从而关闭阀门，减少气体流量。

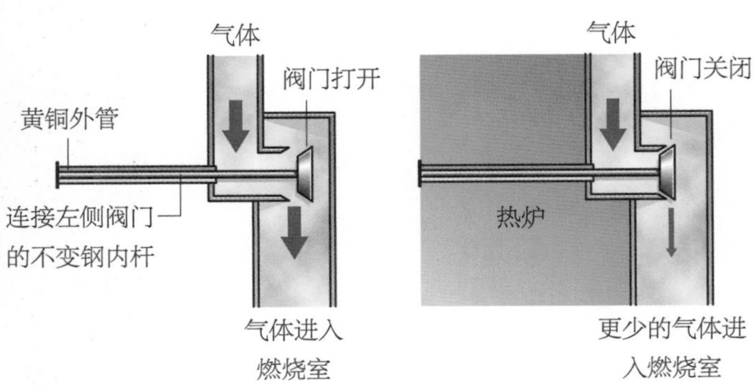

# 固体的熔化

**固体中的分子或原子保持规则的有序排列，导致固体具有了固定的形状和强度。当向固体提供热量时，固体就会熔化。**

热量对固体中的原子或分子的影响是使它们振动得更快。当热量足够多时，它们便会脱离原来的固定位置，开始自由移动，就像液体中的粒子一样。此时，固体就变成了液体——这一过程就叫“熔化”。每一种纯固体在一定的温度下都可以由固体转变为液体，这一温度就叫作“熔点”。

不同物质的熔点差异很大。冰是一种大家熟悉的固体，它是水的固态形式。冰在0℃融化（注意不是“熔化”，“融化”特指冰转变为液体的过程），这一温度被用作摄氏温标的参考温度点。水银在-39℃左右熔化，这就是为什么水银在常温下是液态的。金属钨在3410℃的极高温度下才熔化，因此可以用来制造电灯泡的灯丝。事实上，只要温度足够高，几乎所有的固体都会熔化，包括坚硬的岩石和混凝土。

压力也会影响固体的熔点，但通常需要相当大的压力才能产生显著的熔点差异。英国物理学家约翰·丁达尔（John Tyndall，1820—1893）设计了一个简单的实验来演示压力对熔点的影响。丁达尔将一块结实的大冰块放在两把椅子的中间。然后，他在一根细钢丝的两端绑上重物，把钢丝挂在大冰块上。钢丝对其下方很小范围内的冰施加了很大的压力，这部分冰的熔点在压力的作用下降低了，因此这部分冰迅速融化，变成了液态的水，钢丝便在融化的水里下沉了一点，随后钢丝上方的水压力恢复正常，水的熔点也恢复正常，于是水又迅速结成了冰。就这样，融化和结冰交替进行，钢丝最后会逐渐穿过整个冰块。

我们用手捏雪球，手掌的压力会使一些雪融化成水，而当压力释放时，水会再次结冰，形成一个坚硬的雪球。如果雪太冷，通过手掌挤压使其融化就会非常困难，甚至完全无法做到。

## 科学词汇

**熔点：** 固体转变为液体的临界温度，它与该物质液体的冰点具有相同的数值。

熔岩流从火山的一侧流下。地表深处的岩石以岩浆的形式存在，在高温下保持液态，当火山爆发时以熔岩的形式出现在地表。

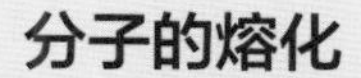

## 分子的熔化

当固体被加热时，其内部的原子或分子运动得更快，远离它们原有的固定位置。有序变成了无序，最终固体熔化成了液体。

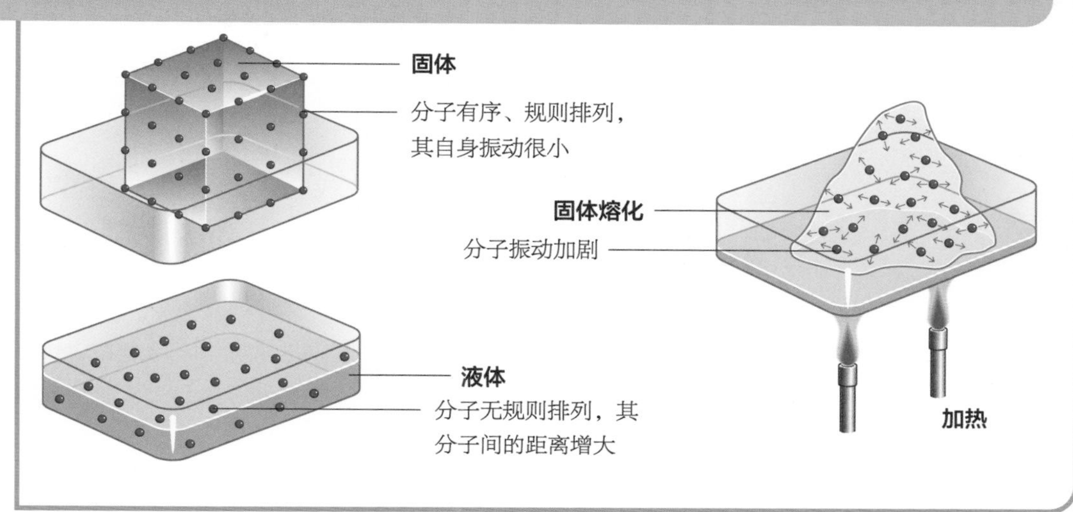


### 熔化的瞬间

大多数固体熔化时会膨胀，因为其内部原子或分子在液态时间距更大。有一种巧妙而又简单的温度自动调节装置，很好地利用了这一效应：当房间或温室内的温度上升到某个临界温度时，房间或温室的窗户就会自动打开，通风降温。这个自动装置由一个充满蜡的汽缸和一个紧密配合的活塞组成。随着温度的升高，汽缸里的蜡熔化并膨胀，带动活塞移动，连接活塞的窗户便会打开。

有机化合物萘（由两个苯环相连组成）在熔化时也会膨胀，萘的这种性质可以用来保持恒温。在一小罐萘中装一个通电螺旋线圈，线圈通电加热时释放热量并开始熔化萘，萘受热膨胀，按压一个弹簧开关，开关切断通电线圈的电源，于是萘开始冷却凝固，体积回缩，开关恢复供电，开始再次加热。如此往复，就可以把温度控制在一个恒定的范围内。

## 传导、对流与辐射

**如果把一个金属勺子放在高温的热饮里，勺子柄会迅速升温，可能会热得令人拿不住。热量沿着勺子传递，导热性能不好的材料被称为热的不良导体。**

我们都知道，热通过某些物体可以轻易传递，而有些物体就不那么容易传热了。如果把塑料勺子放在高温的热饮中，勺子柄就很难变热。热是如何以这种方式传递的？为什么金属的导热性比塑料好？这些问题的答案就在材料的原子或分子结构中。

金属是由有序间隔排列的原子组成的，这些原子在晶格的固定位置周围小幅振动，而自由电子"海洋"占据了原子之间的广阔空间。当金属受热时，原子振动加剧。在被加热的金属棒的热端，其原子振动得最剧烈，会撞到紧挨着它们的原子，从而提高邻近原子的振动幅度。原子振动越剧烈，金属的表观温度就越高。因此，通过这种方式，原子振动就沿着金属棒或勺子的长度方向慢慢传递过去，这就是热量从热端向冷端传递的方式。在这一过程中，金属棒中的原子本身并不离开它们的平衡位置，只是在平衡位置周围来回振荡，而自由电子在金属棒中的快速移动带走了大部分热量。

塑料勺的内部结构则完全不同。塑料是由大分子组成的，它们之间没有自由电子。这些分子当然也会振动，一种类似于涟漪传播的效应会在勺子上传导一些热量，但是这个过程相当缓慢。因此，我们说金属是热的良导体，而非金属（如木材和塑料）是热的不良导体或绝热体。平底锅是由金属制成的，因此能迅速地传导热量来烹煮锅里的东西，但平底锅的把手通常是木头的或是塑料的。

除导热外，材料也可以导电。通常有电的良导体和不良导体，电的不良导体也被称为"电绝缘体"。和热一样，电的良导体大部分是金属，而不良导体大部分是非金属。这种相似性并非巧合，因为导热和导电在某种程度上都依赖材料的一个相同属性——可移动的自由电子数。通电之后，材料中的自由电子便可以携带电流通过材料。有了热之后，"热的"自由电子就有了很大

### 热传递的三种方式[①]

如果把一根金属棒插入一个盛满热水的锅里，那么热量一部分通过金属棒向上传递，一部分通过热水对流在锅里上下翻滚来传递，另一部分则通过辐射从炉子里向四周散发。

① 2019年12月，来自美国加州大学伯克利分校的研究团队发现，自然界中还存在第四种热传递方式：真空声子传热。——译者注

的动能，这些电子在与其他原子或电子多次碰撞（能量交换）之后，自身的动能就转移到了别的原子或电子身上，因而就把动能传给了材料中低温的部分。绝缘体（包括电绝缘体和绝热体）内部没有这些自由电子来实现电或热的传导功能。

## 热流率

影响物体传导热量速率（热流率）的因素有很多。当一块材料的一端被加热时，热量通过这块材料传递的速率取决于它的长度。长度越长，热量从热端传至冷端的速率就越小。材料的横截面大小也很重要，横截面越大，热量传递的速率就越大。材料两端的温度差也很重要，温差越大，热量传递的速率就越大。最后，材料本身的特性也可以

熔炉的温度必须超过900℃才能软化玻璃。用于转动玻璃的搅动棒是由热的不良导体制成的，用于保护工人的手。

影响它导热性能的好坏，这种特性就是材料的热导率（又称“导热系数”）。

第46页的图表比较了各种材料不同的热导率。银是最好的导热体，而最差的导热体是羽毛和植物纤维木棉——这些材料通常

### 科学词汇

**传导：**热或电从物体的一部分传到另一部分。

**电子：**带负电荷的亚原子粒子。电子围绕着原子核运动。

**动能：**物体因运动而具有的能量。

被用于制造床罩和棉衣的隔热层。

软木是一种导热性能非常差的材料。光着脚走在瓷砖地板上和软木地板上比较一下，你就能深刻地体会到这一点——软木给人的感觉暖和多了，因为它不容易把热量从你的脚上带走。类似地，玻璃棉通常被用作阁楼，以及外水管的保温层，以防止水管在冬天的时候结冰。

泡沫塑料是热的不良导体。发泡聚苯乙烯（泡沫塑料）就是一个很好的例子，你可以用手拿住一个装着滚烫热饮的泡沫塑料杯，而这种材料不会把热量传递到你的手上（准确来说是热流率极小）。泡沫塑料有时也被封入建筑物墙壁的内层，在夏天时阻挡外面太阳热量向建筑物内部传递，以保持建筑物内部凉爽，而在冬天时阻止建筑物内部的热量通过墙壁向外散发，以保持建筑物内部温暖。热量也可以在流体（液体或气体）中传递，然而，热量在流体中最主要的传递方式还是对流。

空气的热导率和羽毛的差不多，也就是说，空气是一种热的不良导体，或者说是一种很好的绝热体。这就解释了为什么松散蓬松的羽绒服在冬天时能让你感觉温暖——因为被困在羽绒服内的空气起到了隔热的作用。

## 小实验

### 流动的热

热量可以通过传导在固体中传递。在这个实验中，你可以观察到三种不同固体的导热性能。

### 实验步骤

将一个金属勺、一个塑料勺和一个木勺直立放置在一个杯子里，用一小块黄油（或蜡）在每个勺子柄上粘上一颗小珠子，小心地把热水倒入杯中，观察会发生什么。

热量通过勺子逐渐向上传递，当热量传递到勺子柄时，黄油（或蜡）就会熔化，珠子便会脱落，第一个脱落的珠子所在的勺子是最好的热导体。是哪把勺子？下一个脱落的又是哪把勺子？你会发现，金属勺是热的良导体，而木勺是热的不良导体。

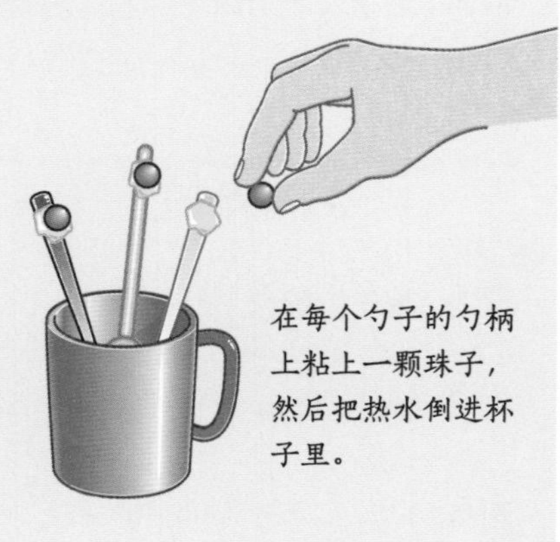

在每个勺子的勺柄上粘上一颗珠子，然后把热水倒进杯子里。

## 热对流

热通常通过对流的方式在流体中传递。在这一过程中，流体本身是移动的，这就是为什么对流不能在固体中发生。当一种热流体移动时，它会带走热量，并占据它所流经位置冷流体的空间，而冷流体也会移动来占据热流体上升后空出来的空间。通过这种方式，流体内部便产生了连续不断的对流环流。热流体的密度比周围冷流体的密度要小，因此，热流体的浮力更大，倾向于上升。这种自然发生的对流有着各种各样的用途。比如，老鹰等善于滑翔的鸟利用热气流的上升作用来帮助它们轻松地翱翔于天际，

北极熊厚厚的毛可以使它在北极的严寒中保持温暖。毛皮是很好的绝热体。

滑翔机和三角翼飞行员也会在无动力情况下利用热气流来保持在空中的长时间飞行。

### 对天气的影响

大气层中的大规模对流环流对气候的演化和形成起着异常重要的作用。当靠近地面的空气变暖时，它会保住大部分的水蒸气，最终，暖空气带着其中的水蒸气一起上升。当这些暖空气与高处的冷空气相遇时，暖空气内的水蒸气便凝结并形成微小的水滴。无数小水滴聚集在一起就形成了一种特殊的云，被称为“积云”。对流环流也产生了风。在夏天靠近海的地方，白天时陆地比海洋更快变暖，于是陆地上的暖空气上升，冷却，然后在海上下降——这就形成了一种陆地和海洋之间的对流环流。风从海面吹向海岸，并吹向陆地，这就是海风。这一过程在夜晚会发生逆转，此时陆地比海洋冷却得

### 热传导作用

热通过传导的方式在固体中传递。想象一下，图中的这个实心金属条的一端在火焰中炙烤，在金属条的热端（下端），原子剧烈振动，这些“热”原子不停地和它们相邻的原子碰撞，而这些相邻的原子又继续和与它们相邻的原子碰撞，只是碰撞得稍微弱那么一点点。结果是金属条的中间段变得温暖，而冷端（上端）的原子仍以正常的幅度振动。在金属中，热主要是通过在原子间移动的自由电子传递的。

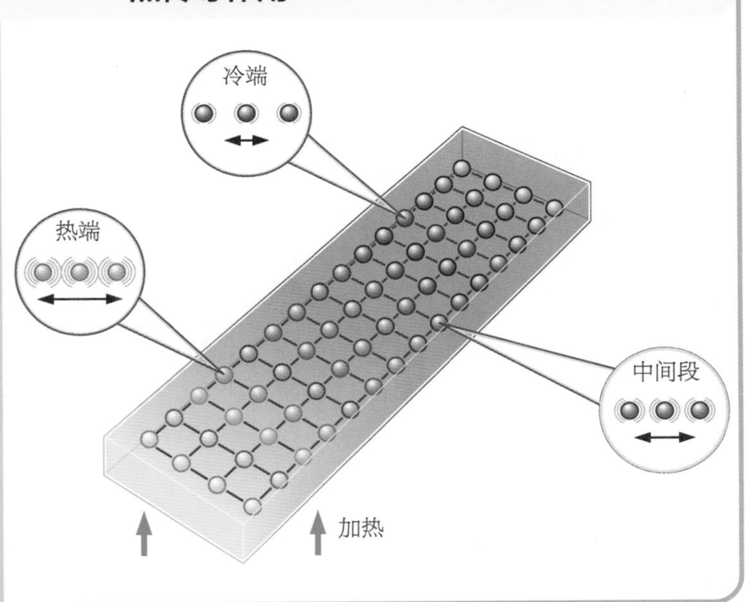

更快，于是风便从陆地吹向海洋。

## 液体的对流

热水也可以通过对流来传递热量。热水的密度比周围温度较低的冷水更小，所以热水会上升，冷水会下降，形成对流环流。这一原理被用于家庭和办公室的热水供暖系统中：从锅炉中流出的热水上升，进入一个圆柱形大热水箱中，热水将自身的热量传递给热水箱内壁上热交换器里的冷水。

## 深海对流

在更大的尺度上，对流也在大洋中产生。赤道附近的水比两极附近的水更温暖，并且密度更小。温暖的海水（暖流）停留在海面附近，被两极地区流过来的冰冷海水（寒流）所取代。

由这个过程产生的深海洋流使大量的海水不停地发生着置换。每秒钟大约有500万立方米的海水流入格陵兰岛和冰岛之间的北大西洋。

## 强迫对流

即使没有密度的差异，自然对流也会产生。鼓风机（用于空气）和水泵（用于水）可以驱使流体循环来传递热量。热风系统里有风扇，可以将热炉中的热空气通过通风管吹进房间。汽车的冷却系统则通过一

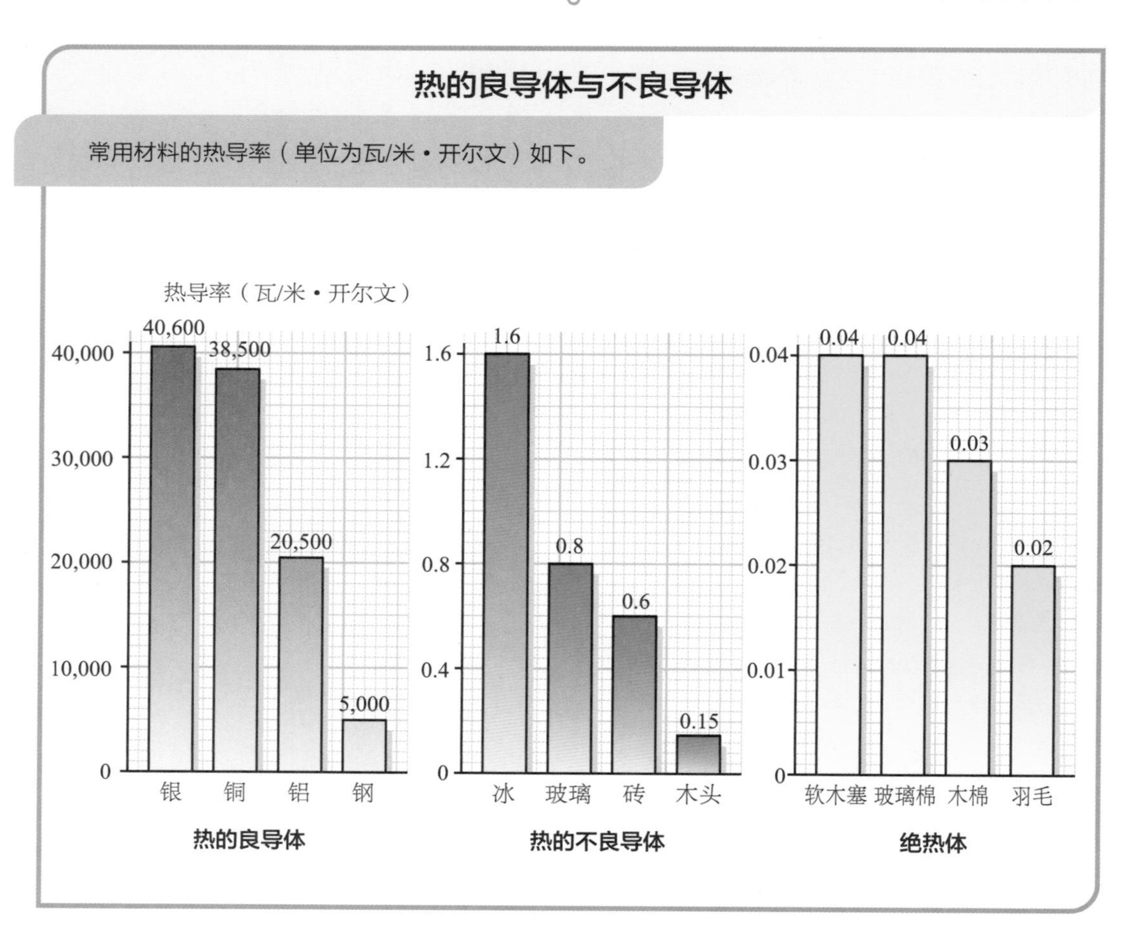

## 云的形成

对流环流也是云的形成原因。被陆地加热的热空气比冷空气含有更多的水蒸气，而对流使热空气上升，其中的水蒸气便冷却凝结成了云。

积云的形成过程如上图所示。积云的形成需要地面保持温暖，所以积云通常预示着天气晴朗。

个泵使冷却水在发动机和散热器之间不停地循环。

### 热辐射

辐射指热能以电磁波的形式传播。这种电磁波包括很多种，如伽马射线、X射线、微波和无线电波。我们最熟悉的是可见光，还有一部分不可见的伴生电磁波——紫外线和红外线。这些电磁波有不同的波长，并且以光速传播。

红外线的波长比可见光的波长稍长。任何温度高于绝对零度的物体都会向外界发出红外辐射，这意味着，大多数物体会辐射出红外线，且物体本身的温度越高，辐射出的红外线就越多。你的眼睛看不到房间里暖气片发出的红外辐射，但如果你把手放在暖气片附近，你就能感受到热量。红外辐射的另一个名字是热辐射。太阳辐射出的所有热量都是红外辐射。

## 探测辐射

科学家利用各种科学仪器和技术探测电磁辐射。连接天线的电子电路可以探测微波和无线电波，伽马射线、X射线和可见光则可以通过照相胶片被探测到，使用特殊的胶片还可以探测到紫外线和红外线。天文学家使用各种电子设备来研究宇宙天体发出的辐射。

另一种探测红外辐射的仪器便是热成像仪，它可以记录物体的热辐射图像，物体不同区域的温度通过不同的图像颜色或灰度来表示。热成像仪在医学上被广泛应用于诊断体内肿瘤，因为肿瘤的表面比它周围的区域稍热一些，所以肿瘤在热辐射图像上会显示成一个发光区域。

红外辐射来自物体内部原子或分子振动而生成的热，原子或分子振动得越剧烈，发出的红外辐射就越多。并且，提高物体内原子或分子的振动幅度也会提高它的温度，因此，物体发出红外辐射的量会随着它温度的升高而增加。

辐射的波长也取决于发出辐射的物体的温度。物体温度越高（物体内原子或分子的振动越剧烈），辐射的波长就越短。当一个物体开始被加热时，它会辐射出红外辐射；当它继续被加热时，它会变成暗红色，此时它的温度约为600℃ ~ 700℃；当温度更高时，它会变成橙色（约950℃），然后变成黄色（1100℃）；最后它会变成耀眼的白色，此时它的温度约为1400℃，在这个阶段，该物体将同时发出白色的可见光和红外辐射。根据物体被加热时的颜色变化，人们可以通过观察颜色来估算物体的温度——这是铁匠和金属加工师傅最熟悉的技能，也是天文学家探测恒星表面温度的一种方法。

虽然红外线本身是肉眼不可见的，但科学家能制造出对红外线敏感的胶片和摄像管，并将其应用于诸多领域。例如，地球资源卫星等勘探卫星上就装有红外相机，可以

在太阳炉中，很多面小反射镜组成的反射镜阵列把太阳辐射反射聚焦到加热炉的焦点上，它为水的加热提供了廉价、清洁的能源，而大型太阳炉则用于熔化金属。

### 科学词汇

**对流：**流体与流体之间、流体与固体之间发生相对位移时所产生的热量交换现象。

**对流环流：**一种流体（液体或气体）的运动方式，其结果是热流体上升而冷流体流入并取而代之。

**热（气）流：**气体（通常是空气）中的垂直对流环流。

**热导率：**衡量物质导热能力的指标。

拍摄地面上的农作物和其他植被的红外照片，这样就能直观地显示出那些受损或患病的作物及植被。

## 收集辐射能

最大的辐射能（可见光和红外辐射）来源是太阳，太阳距离地球约1.5亿千米，其辐射向太空各个方向发射。在地球的白昼面，来自太阳的辐射能可以达到每平方米1.4千瓦。收集这些辐射能的一种方法是使用一个大的曲面镜来聚焦太阳的辐射，也就是反射式太阳能。

太阳能也可被用来发电。太阳能电池可以从太阳的光照中收集辐射能，并在太阳能板中将辐射能直接转化为电能。根据成本和用途，太阳能电池存在多种材料。太阳能电池的顶部有一层防反射玻璃涂层，用来保护下面的半导体。由硅（Si）、磷（P）和硼（B）制成的半导体薄膜将太阳能转化为电能。太阳能电池被广泛应用于家用太阳能电池板、航天器和卫星，以及给电机发动机供电等方面。未来，太阳能是一种清洁能源。

## 小实验

### 水下喷泉

在深海的海床上，有一种奇特的水下喷泉，叫作“海底黑烟囱”，它因海底高温热泉喷出时形似黑烟而得名。地壳深处的高温热泉从海床的地壳裂缝中逸出，并涌入海底极冷的海水中时，便会形成“黑烟囱”。在这个实验中，你将制作自己的水下喷泉。

### 实验步骤

往一个水桶中灌满冷水。在一个瓶子里放几个弹珠作为压重物，或者也可以用其他的小重物，如几个钢螺母。将瓶子装满热水，再加几滴食用色素或墨水。用塑料薄膜封住瓶口并用橡皮筋密封固定。把瓶子放入水桶的底部。当水静止后，用一支铅笔在塑料薄膜上戳开一个小洞，注意不要太扰动桶里的水。小心地移开铅笔，然后观察发生的现象。

因为热水分子移动得更快，占据更多的空间，所以热水的密度比冷水的小。因此，热水会上升，就像软木塞或木头会浮到水面上一样。这一过程被称为“对流”，也就是“海底黑烟囱”产生的原理。

将两颗弹珠放入一小瓶带颜色的热水中，把瓶子放在一大桶冷水中，看看会发生什么。

# 辐射体与吸收体

**你有没有感觉到，在天气比较炎热时，穿白色T恤比穿深色T恤更凉爽？黑色或深色的物体比白色或有光泽的物体更容易吸收热量，黑色的物体也更“善于”发出热辐射。**

任何物体都会向外发出一些热辐射，但某些物体确实比其他物体更易发出热辐射。一般来说，黑色的表面比白色或有光泽的表面更易发出热辐射。

另外，优良的热辐射体同时也是吸收热辐射的好材料。理论上，最好的热吸收体是黑体，它能吸收落在它上面的所有辐射。黑体也是最好的热辐射体。没人能做出完美的黑体，但一个亚光黑色的表面已经非常接近了。正因如此，汽车的散热器通常被漆成亚光黑色，这样就能很好地释放循环冷却水所携带的热量。另外，屋顶上的太阳能热水器是薄型水箱，它们也被漆成亚光黑色，这是为了让水箱能尽可能多地吸收太阳的热辐射来加热水箱中的水。

### 詹姆斯·杜瓦

詹姆斯·杜瓦是一位苏格兰科学家。他最著名的发明是在19世纪70年代早期制造的真空瓶（也被称为“杜瓦瓶”或“保温瓶”），这种类型的真空瓶至今仍被广泛使用。杜瓦在研究低温现象时使用了真空瓶，1899年，他发明了一种在-253℃下大规模液化氢气的方法。一年后，杜瓦在-259℃下制得了固态氢。1889年，他与弗雷德里克·阿贝尔（Frederick Abel，1827—1902）共事，一同发明了线状无烟火药（由火棉改进而来），这是世界上第一种无烟弹药。1904年，杜瓦因其杰出的成就而被英王爱德华七世封为爵士。

## 阻断热损耗

科学研究和日常生活的一个共同需求就是防止高温液体冷却或者低温液体升温。苏格兰科学家詹姆斯·杜瓦（James Dewar，1842—1923）在和液氮（液态的氮气，在-195.8℃时沸腾）打交道时就遇到了如何防止其升温这样棘手的问题。他的解决方法是使用真空瓶来保温，这种真空瓶直到今天仍然在被广泛使用，如用它来保持热饮的温度。

真空瓶的工作原理是它阻断了热的三种传递方式——传导、对流和辐射。真空瓶由两个薄壁玻璃瓶（内外瓶胆）相互嵌套组成，两层瓶胆之间空气被抽走，形成真

太阳产生的热量以红外辐射的形式向外传播。如果太阳被云层遮住，或者日落时沉至地平线以下，你就会感觉到太阳辐射的热量很快消失了。

空层。因为真空层没有任何物体可以传递热量，所以阻断了热传导。又因为真空层内没有任何流体发生对流并带走热量，所以真空层也阻断了热对流（见右图）。

此外，两个薄壁玻璃瓶的瓶壁上均镀着一层银，就像镜子一样。因为闪亮的物体不善于向外辐射热量，所以镀银层可以最大限度地减少辐射造成的热量损失。

## 捕获热量

当一个物体吸收了热辐射时，它就会比周围的环境更热。任何比周围环境温度高的物体都会释放出辐射，其释放出的辐射的波长比吸收的辐射的波长更长。这一性质可以很好地应用在温室中。温室正是用来捕获热量的，温室内的土壤和植物吸收了穿过温室玻璃的太阳热辐射后变暖，然后，这些土壤和植物又将热量以长波红外辐射的形式再次辐射出去。但是，这些长波红外辐射不能穿过温室玻璃，因此来自土壤和植物的热量就被困在了温室里。温室内部的温度可以比外部温度高15℃～20℃。

### 真空瓶

真空瓶旨在防止热量通过传导、对流和辐射损失。真空层能防止热量通过传导和对流损失，而镀银层能最大限度地减少辐射造成的热量损失，瓶塞子则可以防止热量通过蒸发损失。

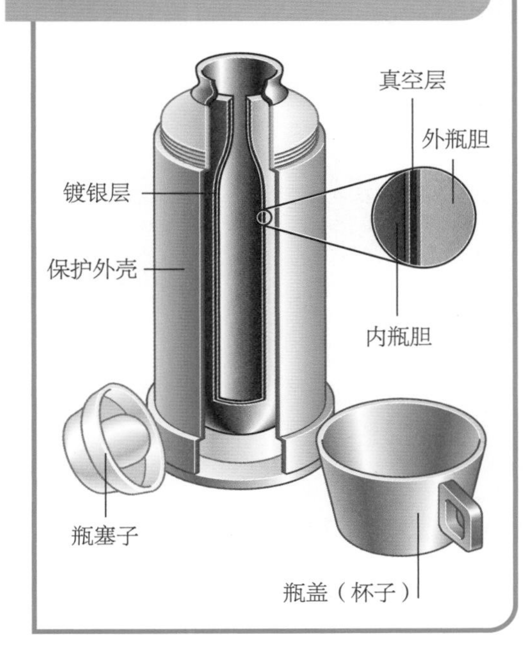

# 冷却的效果

**现在我们来看一看冷却是如何影响原子和分子的排列的。**

冷却会减慢原子和分子的运动。当气体冷却时，其原子或分子就运动得更慢了，且运动的距离也没那么远了，因而气体的压力会减小。如果温度再低一些，这些气体的原子或分子就会开始表现得像液体中的原子或分子那样，气体（或蒸气）会逐渐凝结成液体。

气体冷却时，体积会缩小。在恒压条件下，任何气体的温度每下降 1℃，其体积相比于在 0℃ 时的体积都会收缩 1/273。气体的体积和温度之间的这种关系被称为“查理定律”，以发现者——法国科学家雅克·查理（Jacques Charles，1746—1823）的名字命名（见第 32 页）。该定律指出：恒定质量的气体在恒压下的体积与其绝对温度（开氏温度）成正比。

## 液化的气体

对绝大部分气体而言，如果压强足够大，它就会变成液体。极少数气体需要在加压的同时冷却到一定温度以下才能最终液化，这一冷却的温度被称为“临界温度”（在这一温度以上，无论怎样增大压强，气体都不会液化）。例如，二氧化碳气体仅靠加压是无法液化的，除非将其冷却到其临界温度 31.3℃ 以下。有一些气体必须降到极低的温度才能液化。在常压下，氧气在-183℃时液化（液氧），氮气在-195.8℃时液化（液氮），而空气的液化温度大约为-196℃。液态氦气（液氦）是温度最低的液化气体，液氦通常用于冷却超级计算机的磁盘存储器和医疗器械（如磁共振成像仪）中的超导磁体。液氢通常用作火箭的推进剂燃料，液氮则用作制冷剂和液化天然气。

### 科学词汇

**凝结：**气体或蒸气转变为液体的过程，凝结形成的液体有时也被称为“凝结液”。

**超导体：**在一定条件下，电阻为零的导体。

### 冷却过程

下图阐释了冷却对物质状态的影响。充分冷却气体，它会凝结成液体。充分冷却液体，它最终会凝固成固体。

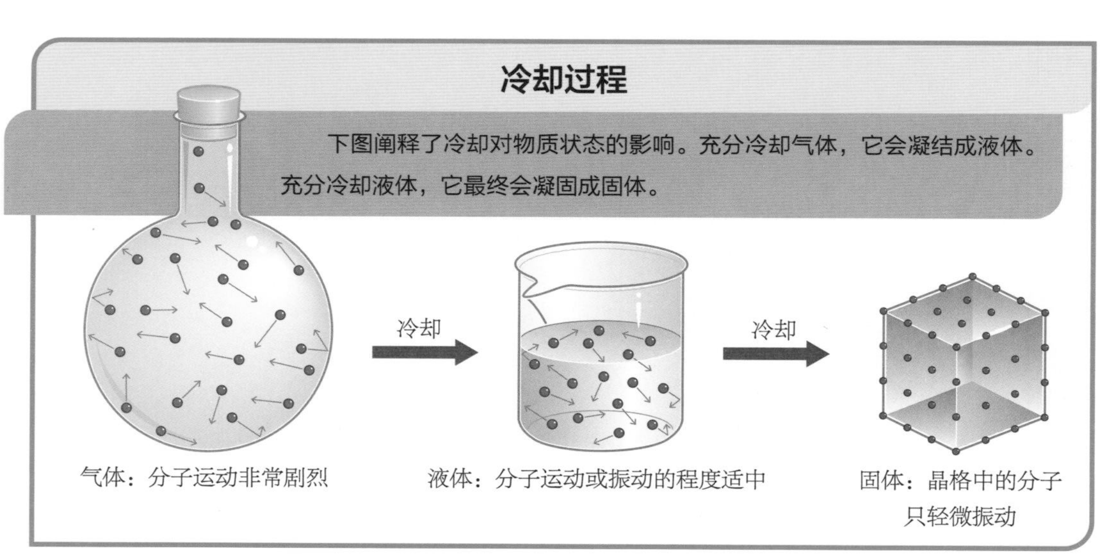


气体：分子运动非常剧烈

液体：分子运动或振动的程度适中

固体：晶格中的分子只轻微振动

## 冷却液体

如果冷却气体可以使它变成液体，那么自然地，冷却液体就可以把它变成固体。液体转变为固体的温度就称为液体的冰点，它和同种固体的熔点是一样的。

液体可以冷却到冰点以下而仍然不凝固，这一现象叫作“过冷”。如果过冷液体的温度稍微上升一点点，固相和液相便会共存一段时间，直到液体全部凝固成固体。

## 冷却固体

当液体冷却时，它会慢慢结晶，最终变成固体。晶体的性质取决于该液体冷却的速率。如果液体是迅速冷却的，那么液体只会在短时间内形成很小的晶体。而如果液体冷却得非常缓慢，那么液体就有足够的时间析出大晶体。这一效应在矿物中表现得最为明显，只有在冷却缓慢的情况下才会形成足够大的晶矿。大多数固体的体积会随着温度的降低而缩小，但冰是个例外——冰在温度降低时体积反而会膨胀，并且最多可以膨胀10%。冰的这一性质可能会对水管和汽车发动机缸体等造成灾难性的影响：如果水管或者缸体里的水结冰，那么水管或者缸体就有可能爆裂开来。

金属在低温下会表现出一些不寻常的特性。在低温下，一些金属的晶体结构会发生根本性改变：其内部晶相变大，金属失去原有的强度，变得很脆、易折断。在极低温度（接近绝对零度）时，一些金属会变得没有电阻，即电流通过时完全没有任何阻碍，此时它们就变成了所谓的超导体。

科学家一直在不断寻找高温下的超导体（此处的“高温”指的是相对于绝对零度的高温——译者注），希望能够找到在室温下具有超导性质的金属，这将有助于实现更快、更强的超级计算机，以及新型交通运输系统和全球能源生产等方面技术的改进。

### 小实验

**提起冰块**

这个实验是一个很好的挑战游戏。问问你的朋友：要怎么做才能在不接触冰块的情况下提起一块冰块呢？——答案很简单：让冰块更冷！

**实验步骤**

在一个杯子中倒上半杯水，在杯里放一块冰块，冰块会浮在水面上。把一根绳子的一端横放在冰块上，在绳子上撒上盐，等待30秒，然后轻轻提起绳子。冰块会被冻结在绳子上，提起绳子就可以把冰块提起来了。

纯水在0℃时结冰，但盐水结冰的温度要比0℃低得多。这就是海水必须非常冷才会结冰的原因。当你往横在冰块上的绳子上撒盐时，冰点便降低了，于是绳子下面的冰会融化一点，但是冰块会让刚刚融化的水再次冻住，于是绳子就被冻在冰块上，就像被胶水粘在上面一样。

在绳子上撒上盐可以让它粘在冰块上。

# 气体的压力

**气体是一种可被压缩的物质，增加施加在气体上的压力，气体的体积就会变小。气体的这种性质非常有用。**

压缩气体需要输入能量（做功），压缩后的气体是一种能对外做功的能量源。科学家和工程师已经发明了许多种利用压缩气体做功的器械和装置。需要记住的是：从科学上讲，蒸气也是一种气体，常见的蒸气包括水蒸气及为汽车发动机提供燃料的汽油和空气的混合气。

### 压缩气体

要使用压缩气体，要么在气体所在地压缩，要么将气体压缩好了在压力条件下储存，并带到其他地方使用。最常见的压缩储存气体是压缩空气，压缩空气一般由空气压缩机制得。大部分压缩机是由连接活塞的引擎或马达组成的，活塞在汽缸内快速往复运动以压缩空气，压缩后的空气被储存在坚固的金属罐或铸铁瓶中。

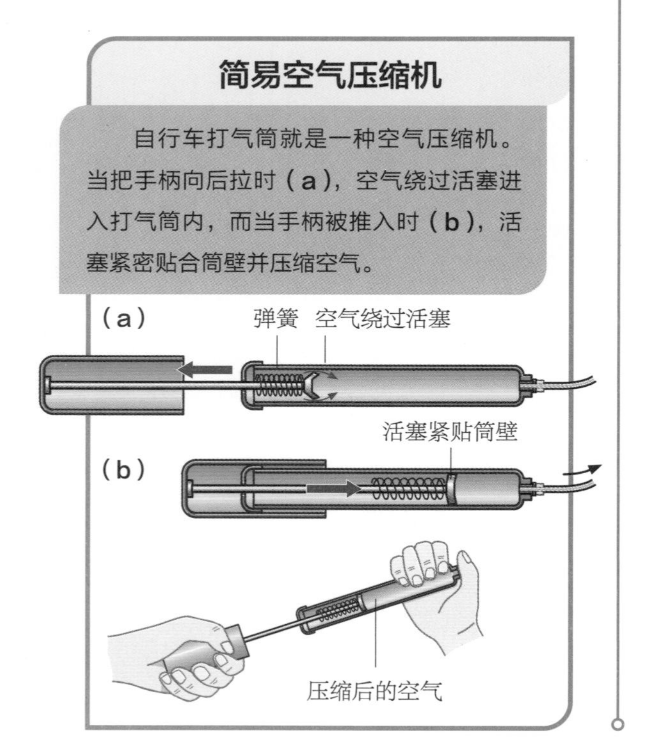


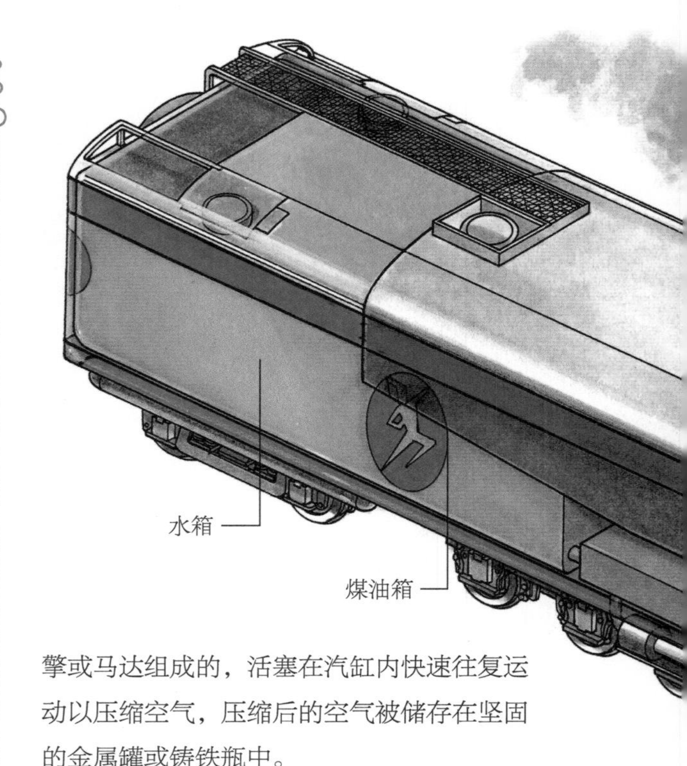


瓶装压缩空气有多种用途，如吹气球，或者用在给汽车喷漆的喷漆枪上。你甚至可能在拖车上见过移动式空气压缩机，工人会利用手提冲击钻拆除道路或旧建筑上的混凝土，手提冲击钻正是由压缩空气驱动的。另一种类型的压缩机是旋转式的，其工作原理有点像水泵。高速旋片式压缩机装备了叶片，就像涡轮机的叶片一样。空气喷气发动机也有类似的压缩机来压缩空气，并将压缩空气与气化燃料混合燃烧。

### 蒸汽机

人类发明的第一台利用气体压力做功的机器是蒸汽机。蒸汽机发明于18世纪，早期的蒸汽机使用的是大气的压力。蒸汽进入汽缸，冷却、凝结，于是在汽缸内留下部分真空，外界的大气压力将活塞向下推。这种机器也被称为“空气引擎”。后来，苏

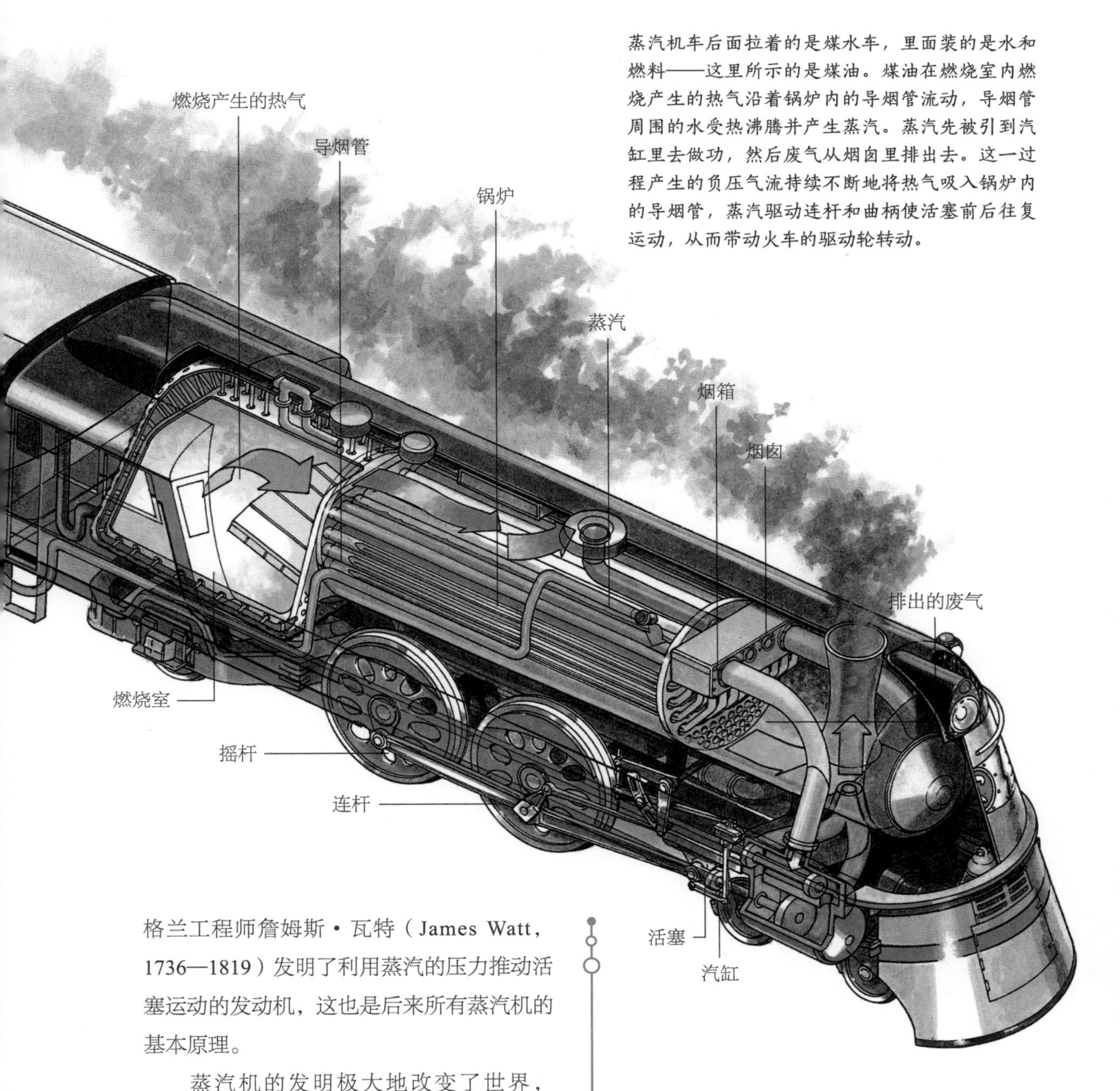


蒸汽机车后面拉着的是煤水车，里面装的是水和燃料——这里所示的是煤油。煤油在燃烧室内燃烧产生的热气沿着锅炉内的导烟管流动，导烟管周围的水受热沸腾并产生蒸汽。蒸汽先被引到汽缸里去做功，然后废气从烟囱里排出去。这一过程产生的负压气流持续不断地将热气吸入锅炉内的导烟管，蒸汽驱动连杆和曲柄使活塞前后往复运动，从而带动火车的驱动轮转动。

格兰工程师詹姆斯·瓦特（James Watt，1736—1819）发明了利用蒸汽的压力推动活塞运动的发动机，这也是后来所有蒸汽机的基本原理。

蒸汽机的发明极大地改变了世界，它引领了人类历史上的第一次工业革命（1760—1840年），这一时期也是英国发生技术革命和社会重大变革的时期。在纺织厂里，蒸汽机驱动着纺纱机和织布机不停运转；在乡间田野，带轮子的便携式蒸汽机在不停地犁地。目及之处，蒸汽机驱动了轮船、火车头等各种机械。蒸汽机车的核心部分是燃烧室和汽缸：燃烧室不停地加热锅炉中的水产生蒸汽，汽缸则利用蒸汽的压力产生运动。蒸汽机车的燃料可以是木头、煤油或石油。燃料燃烧产生的热量经过导烟管被锅炉里的水吸收，产生的高压蒸汽驱使汽缸中的活塞往复运动。互相配合的阀门不停地开启、闭合，使蒸汽进入汽缸中做功，并在做功结束后排出，这些废气和燃烧室的废烟一起从烟囱里排出去。对蒸汽机而言，燃料是在引擎（汽缸、活塞和曲柄结构）的外面燃烧的，因此我们说蒸汽机是一种外燃机。19 世纪末，德国和其他国家的工程师开始研究并制造在引擎内部燃烧燃料的发动机——这就是内燃机。

### 内燃机

最早的内燃机使用的是可燃气体，如煤气，后来改用汽油和空气的混合气。燃料和空气在发动机汽缸内被压缩，火花塞释放出电火花使燃料蒸气在短时间内迅速燃烧，快速膨胀的炽热气体带动汽缸内的活塞运动。这仍然是世界上大多数汽车发动机的工作原理。

1885 年，德国工程师鲁道夫 • 狄塞尔（Rudolf Diesel，1858—1913）开始研制压缩点火发动机——后来被称为“柴油发动机”（也叫“狄塞尔发动机”）。柴油发动机中的空气被压缩的程度非常高，因此可以达到很高的温度，以至于不需要火花塞点火就能点燃燃料。柴油发动机通常用在卡车、火车和汽车上。尽管柴油发动机排放的二氧化碳比汽油发动机排放的少，但是柴油发动机也会产生高浓度的微粒和煤烟，对人体的健康同样有害。

**科学词汇**

**压缩机：**压缩气体或使气体处于高压下的机器。

**部分真空：**低气压的区域，尤指大部分空气已被抽出的区域。

**蒸气：**液体沸腾或蒸发时形成的气体的另一种叫法。

手提冲击钻是由压缩空气驱动的。冲击钻气腔内的空气在快速爆发并释放，推动活塞撞击切割凿的顶部并传递冲量。其实，冲击钻并不是一个新鲜的发明，一名法国工程师在 1861 年发明了冲击钻，并用它开凿了法国和意大利之间第一条横穿阿尔卑斯山的隧道。

第三种内燃机压根就没有活塞，它利用燃料燃烧产生的热气来驱动涡轮叶片，因此被称为“燃气涡轮发动机”（也被称为“燃气轮机”）。压缩机的叶片与涡轮叶片被固定在同一个转轴上，位于涡轮的前面，它的作用是压缩空气并将空气输送进燃烧室。燃气轮机第一次启动时需要一个电动马达来提供初始转动，有了初始转动之后，压缩机便可以开始工作，随后便可以将燃料注入燃烧室点燃。当燃气轮机正常工作时，一股炽热的气体会从其尾部快速喷出，因此它也有了另一个更广为人知的名字——喷气发动机。根据军用和民用用途，喷气发动机已经发展出了多种不同类型。

一些现代高速铁路机车就是由燃气轮机驱动的，燃气轮机也被用于小型发电厂以驱动发电机，或者在大型发电厂作为备用发动机使用。

### 火箭和推进剂

火箭发动机在某些方面与喷气发动机很相似，它们都在燃烧室中燃烧燃料，产生的高温气体通过尾部的喷嘴快速喷出并产生推力。但是，它们两个的不同之处在于：火箭发动机的推力并不是来自向后喷射的热气体与空气作用所产生的反冲力，而来自火箭燃烧室内的反应所产生的作用力给予燃烧室前端的向前的推力。

内燃机和蒸汽机都利用空气中的氧气来助燃，但火箭发动机不一样，因为火箭自己携带氧气源。液体火箭装有液氧罐和液氢罐，如 1969 年载着阿波罗 11 号发射升空的土星 5 号运载火箭。液体火箭通常需要较长的准备时间，而固体火箭则可以当即发射。最简单的固体火箭使用的燃料是火药。火药是军事导弹的动力源，大型火箭的助推器也会使用火药作为燃料，因为火药中有自己的氧气源（来自硝酸钾中的氧），因而所有的火箭都能在没有空气的外太空工作。

子弹内的推进剂类似于固体火箭燃料，子弹由三部分组成：底火（引物）、装药和弹头（战斗部，通过枪管射出的部分）。当扣动扳机时，一个撞针会撞击并引爆底火内的少量炸药，从而点燃弹壳中的装药，由此产生的大量热膨胀气体将弹头以极高的能量和速度推出枪管。

### 小实验

**压扁瓶子**

我们可以用一个简单的方法来演示我们周围空气的压力：用大气压力来压扁瓶子。

**实验步骤**

拧开一个空的塑料瓶，小心地倒入大约半杯热水。让瓶子静置几分钟，然后把热水倒出来。迅速拧紧瓶盖，看看会发生什么。好像有一双看不见的手慢慢地把瓶子压扁了。

盖上瓶盖后，瓶子开始冷却，瓶内的热蒸汽逐渐凝结成小水滴。液化后的小水滴比蒸汽所占的空间要小得多，但是没有空气可以进入瓶子里来填充这部分缺失的空间。于是，瓶子里形成了部分真空。瓶子外的大气压力便会把瓶子压扁（因为瓶子里没有足够的空气向外推）。通常来讲，即使是一个空瓶子的内部也充满了空气。

在拧紧瓶盖之前，让瓶子和里面的热水静置几分钟。

# 液体的压力

**与气体不同，液体不能被压缩。施加在液体某处的压力会立即传递到液体的其他各个部分。液体的这一重要性质可以用于制造液压器械，如冲压汽车车身的大型液压机和推土机、挖掘机的液压活塞等。**

气体中分子之间的距离相对较远。当对气体施加压力时，气体分子被挤在一起，气体的体积就变小了。而液体中的分子不能被压缩得更紧密，因此，液体不能被压缩，但对液体施加压力可以使液体移动。消防车上的水泵喷出的水柱可以直达高楼的顶部。

## 压强的单位

压强是作用在单位面积上的压力，它等于压力除以面积。压强的科学单位是帕斯卡，它是以研究压力和压强的法国物理学家布莱兹·帕斯卡（Blaise Pascal，1623—1662）的名字命名的。

压强还有其他的单位。比如，在天气预报中用毫巴来表示气压，1毫巴等于100帕斯卡。“标准大气压”这个词也是一种压强单位，它等于地球大气在海平面高度的平均压力，1个标准大气压大约是10万帕斯卡。

### 科学词汇

**液压机：**一种利用液体的压强“放大”力的机器，施加在小活塞上的小力可以在大活塞上转变为大得多的力。

**分子：**由至少两个原子组成的稳定结构，是形成化学元素或化合物的最小单位。

**帕斯卡：**压强的标准科学单位。

## 液压机

液压机有一个小活塞和一个大活塞，两者之间由管子连接，管子里充满了油状液体（所以液压机也被称为“油压机”）。因为压强在液体中均匀地传递，即封闭液体系统中的压强是定值，所以小活塞受到的小力就会在大活塞上产生大得多的力。如果大活塞的表面积是小活塞的10倍，那么放在小活塞上1kg重的砝码能在大活塞上举起10kg重的砝码。

但是，大活塞向上移动的距离只有小活塞向下移动距离的十分之一，能量仍然守恒。正因如此，液压机通常都有一套阀门系统，可以使小活塞反复向下压来增大做功的距离。液压机最常见的应用便是汽车的刹车制动系统。当驾驶员踩下制动踏板时，它会推动主油缸中的活塞，而主油缸通过管道与装在每个车轮上的从动油缸相连，管道里的液压油把主油缸的压强传递给从动油缸，从而推动活塞和刹车片制动。利用液压装置的小活塞和大活塞的放大效应，驾驶员的脚只

消防员灭火用的水管必须以高压供水才能到达燃烧建筑物的顶部，这种高水压由消防车内的高压水泵提供。

需要轻轻一踩，就会通过液压装置对刹车片产生一个很大的力，从而达到制动汽车的目的。

自卸卡车、推土机和大型飞机也使用了液压装置。这些机械中用到的液压装置并不靠油缸中小活塞的长距离运动产生流体压力，而是靠旋转泵给液压油加压，液压油则由阀门系统传递到目标位置。

## 液压机

把小活塞向下压可以使大活塞向上移动。两个活塞的压强是相同的，但是压力是不同的，小活塞上的小力会在大活塞上产生一个大得多的力。

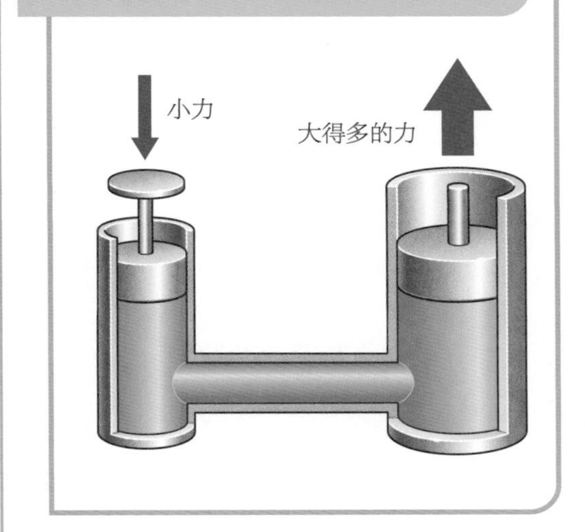


挖掘机的动臂和铲斗的所有运动都是由液压驱动的。

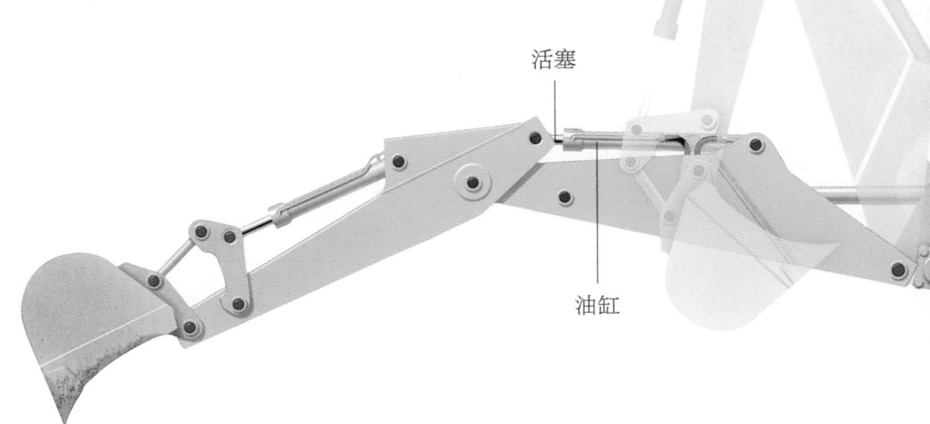

# 流动的流体

**虽然气体和液体有许多不同，但在某些方面它们是相似的。因此，科学家通常使用“流体”这个词来统称气体和液体。**

工程师需要弄清楚不同形状的物体在流体中的运动方式。划破水面的快艇、翱翔蓝天的喷气式飞机，以及快速射向目标的超声速子弹都必须经过流体力学的外形设计。要研究物体在流体中的运动并不简单，所以工程师通常会固定物体，转而观察流体是如何穿过物体的——这两者的结果基本相同。

所有相互接触的表面都会产生摩擦力，在流体中运动的物体也不例外。摩擦力阻碍运动，因而使运动物体减速。摩擦力同时也会产生热量，子弹经过飞行到达目标时其实是非常热的，陨石以每秒几千米的速度坠入地球大气层时，摩擦热会使陨石的表面燃烧殆尽。

一种通过减小摩擦力影响高速运动物体的方法就是设计物体的形状。步枪子弹是流线型的，因为圆形或方形的子弹在空气中不会直线运动，而会不停翻滚，并且很大可能会打偏。船舶和高速飞机机身的特殊曲线形状正是工程师在研究了流线型之后设计出的结果，而在自然界中，鱼类（如鲨鱼）和鸟类（如燕子）的身体也是流线型的。

## 层流或湍流

流线是流体的所有粒子通过某一特定点时所经过的路径，它给出了某一时刻不同流体质点的速度方向。流线组成的面把流体划分成一层层互相平行的层流——实际上，流线型流动也被称为“层流”。流体作为一个整体，沿着同一方向平稳地运动。

柠檬鲨是海里游得最快的鱼之一，它的身体呈完美的流线型，因此可以毫不费力地在水中高速移动。

如果在流体中运动的物体（或本身静止而流体在其周围流动的物体）没有流线型的外形，那么流体中就会形成旋涡，这种旋涡被称为“湍流”（也被称为“紊流”），瀑布落下时，其底部水中产生的杂乱无章的回旋水流就是湍流。

湍流也会影响流经管道的流体。管道的内部需要做成光滑的，并且不能有阻塞或急弯，流体在这种管道中流动时能尽可能地减少湍流。管道内流体的流量等于流速乘以管道的横截面积，如果流速不能继续增大，那么增大流量的唯一方法就是使用口径更大的管道，但这也是一个成本很高的方法。

伯努利方程可以对流体各处的压强做出准确预测，它还说明了流体中某处的压强取决于其深度，这就是为什么大坝的底部需要用非常厚的混凝土浇筑——因为底部需要承受的水压最大。海水的压强同样也随着深度的增加而变大，因此潜艇的船体必须做得非常坚固，否则潜艇就会被巨大的深海水压压扁。

可以用一个简单的实验演示压强与深度的关系。拿一个2升的空塑料瓶，在瓶身上戳三四个小洞，使这些小洞两两之间的间距相等。用一条胶带把这些小洞贴上使其不漏水，再把瓶子装满水。现在把瓶子放在厨房的水池里，把胶带撕下来，水会从这些小洞里喷出来，但是，哪个小洞里的水喷得最远呢？答案是最靠近瓶底的那个，因为那里的水压最大。

伯努利方程有许多实际应用，它也阐明了流动流体的压强减小，则其流速增大。举例来说，在化学家使用的本生灯或者水管工使用的焊枪中，可燃气体先通过一个小喷嘴，再在喷嘴管的末端燃烧。小喷嘴增大了可燃气体的流速，同时减小了其压强，这就

## 改变流速

如果流体流经的管道有一段比较窄，那么流体流经此处时的流速就会受到明显的影响。提高管道狭窄部分流体的流速，才能保证此处的流量与管道其他地方的流量相同。同时，此处的流体压强会减小，具体的压强变化可以在已知流体密度的情况下用一个复杂的数学表达式——伯努利方程来计算。

### 在流体中移动

一个矩形块（a）在穿过流体时，会产生许多湍流。球体（b）产生的湍流较少，但最好的形状是泪滴形（c），这种形状的物体不会产生湍流。

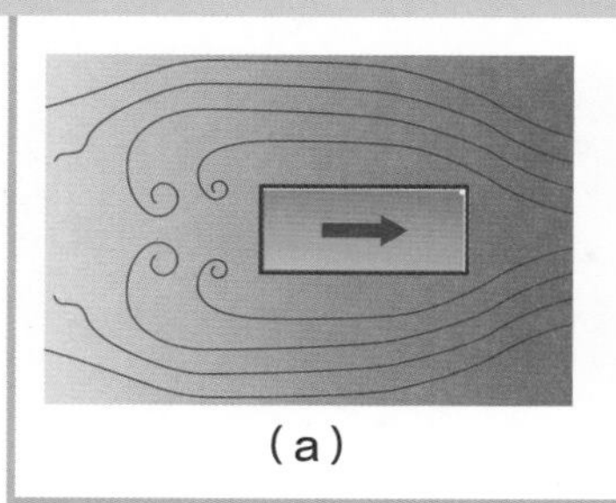

（a）

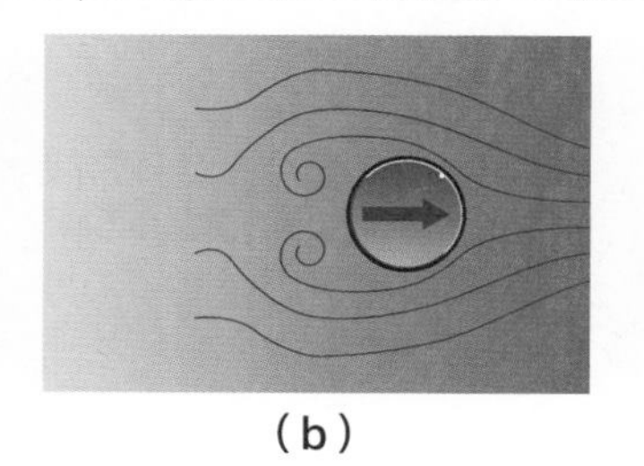

（b）

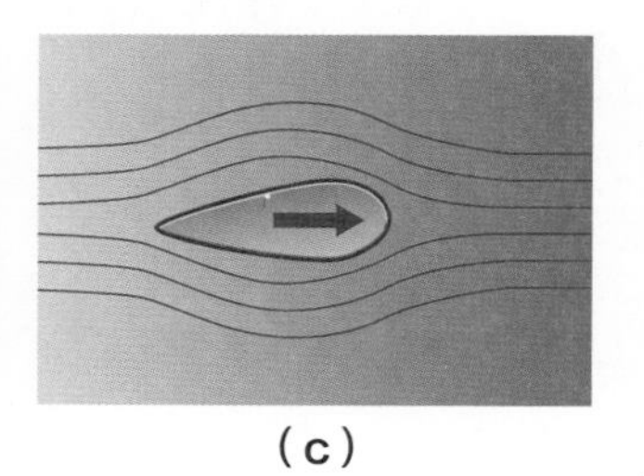

（c）

使得外界的空气可以通过喷嘴管上的小孔被吸入管中，空气与可燃气体充分混合，产生了比该可燃气体单独燃烧时温度更高的火焰。

## 阻力与升力

物体在流体中移动需要推力，因此喷气式飞机需要非常强劲的发动机来推动它在空气中向前运动。物体在流体中运动的阻力被称为“流体阻力”（又被称为“后曳力”），保持流线型的外形是使流体阻力尽可能小的方法之一。那么，飞机到底是如何飞起来的呢？答案与机翼的形状设计有关，机翼的特殊形状可以产生向上的升力。

大多数飞机的机翼上表面比下表面更弯曲（见右上方的图），这种特殊的形状叫作“翼型”（也称“翼剖面”）。当机翼在空气中移动时，空气的流动方向会发生变化，其中部分空气流经机翼上表面，而另一部分空气则流经机翼下表面。当飞机向前飞行时，机翼上表面凸起的曲面减小了空气的压强。上下表面空气压强的差异导致空气流速产生差异，在机翼上方流过的空气到达机翼尾部的速度要比在机翼下方流过的空气更快，并且上下两方的空气都加速向下运动，这就提供了一个向上的力，即升力，升力使飞机在空中保持飞行。

为了获得最大的升力，整个机翼需要略微向上倾斜（前高后低），这个角度叫作“迎角”。如果机翼过于倾斜，流过机翼的气流就不再是流线型的，机翼后方就会产生湍流。机翼迎角太大时，空气阻力增大且升力迅速下降，这种迎角超过临界值而突然

### 翼面

飞机机翼上表面比下表面更加弯曲，这就产生了一种向上的力——升力，升力使飞机能在空中保持飞行。

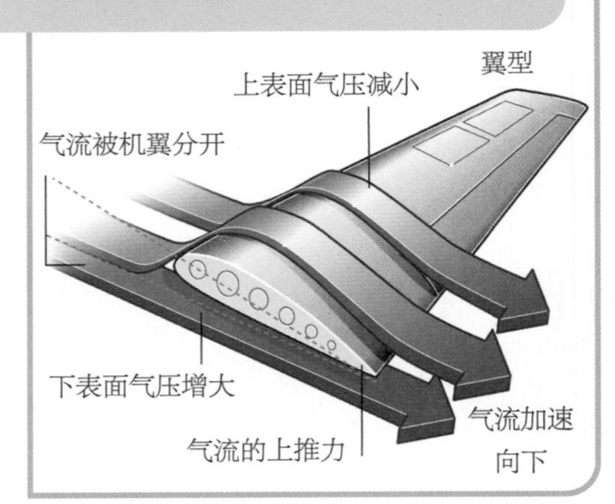


### 科学词汇

**翼型：**飞机机翼的横截面形状，其上表面比下表面更加弯曲。

**升力：**固态物体在流体中通过时所产生的垂直于流体流向的机械力。

**湍流：**流体在物体周围流动时产生的不规则流动状态，流线型可以减少湍流。

失去升力的现象被称为“失速”，机翼边缘上的襟翼正是用来在飞机着陆时降低失速速度的。

### 测试最佳形状

汽车、飞机和船舶都被设计成流线型的外形以减小流体阻力、提高燃料效率。空气湍流阻碍发动机工作，并消耗更多的燃料。为了测试流体阻力，工程师通常使用实物模型来检验流线型设计。比如，船壳模型是放在一个狭长的水槽中测试的，这个水槽叫“测试水箱”，汽车和飞机模型是放在风洞中测试的，模型固定不动，大型风扇将气流高速吹过模型，并且工程师经常会在气流中导入有色烟雾以突显模型周围的流线。

下图为一架即将着陆的喷气式飞机。机翼后缘可伸缩的襟翼增加了空气阻力，降低了失速速度，使飞机在接近跑道时能安全着陆。

## 小实验

### 弯曲气流

如果你对着一张竖直站着的纸吹气，你呼出的气流会使纸弯曲。如果在纸前面放一个障碍物，障碍物似乎能阻挡气流，这样纸就不会弯曲——但实际上这取决于障碍物的形状。

### 实验步骤

剪一张长约 10 厘米、宽约 1.5 厘米的纸条，把纸条的一端折一下使它看起来像一个长长的字母“L”。用胶带把这张纸条固定在桌子上，如下图所示。朝着纸条上端吹气，你会发现纸条很容易就弯曲了。现在，在纸条前面放一个圆柱形的瓶子作为障碍物，再次朝着纸条的方向吹气。试着迅速地吹和慢慢地吹，当你吹的力度恰到好处时，你会发现纸条像没放瓶子的时候那样弯曲了——这到底是为什么呢？

这是因为流动的空气倾向于沿着曲面运动。瓶子前端将气流分开，分别紧贴在瓶子两边弯曲的侧面上，两股气流在瓶子后端重新汇合，并继续吹向纸条。

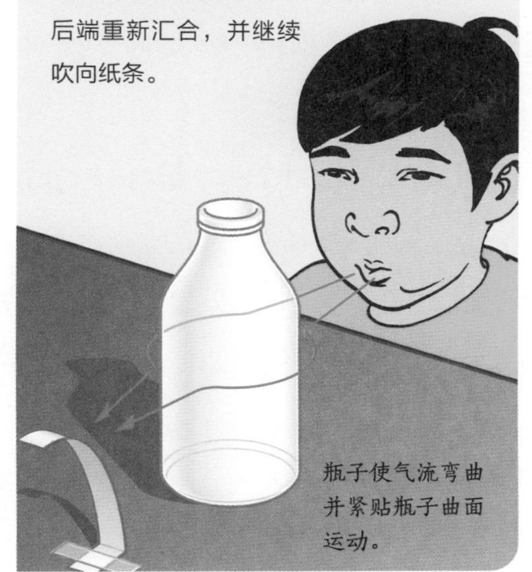

瓶子使气流弯曲并紧贴瓶子曲面运动。

## Books: General

Bloomfield, Louis A. *How Things Work: The Physics of Everyday Life.* Hoboken, NJ: Wiley, 2013.

Bloomfield, Louis A. *How Everything Works: Making Physics Out of the Ordinary.* Hoboken, NJ: Wiley, 2007.

Czerski, Helen. *A Dictionary of Physics.* New York, NY: W.W. Norton, 2018.

De Pree, Christopher. *Physics Made Simple.* New York, NY: Broadway Books, 2005.

Epstein, Lewis Carroll. *Thinking Physics: Understandable Practical Reality.* San Francisco, CA: Insight Press, 2009.

Glencoe McGraw-Hill. *Introduction to Physical Science.* Blacklick, OH: Glencoe/McGraw-Hill, 2007.

Heilbron, John L. *The History of Physics: A Very Short Introduction.* New York, NY: Oxford University Press, 2018.

Holzner, Steve. *Physics Essentials For Dummies.* Hoboken, NJ: For Dummies, 2010.

Lehrman, Robert L. *E-Z Physics.* Hauppauge, NY: Barron's Educational, 2009.

Lloyd, Sarah. *Physics: IGCSE Revision Guide.* New York, NY: Oxford University Press, 2015.

Muller, Richard A. *Physics for Future Presidents.* New York, NY: W.W. Norton, 2008.

Rennie, Richard, and Law, Jonathan. *A Dictionary of Physics.* New York, NY: Oxford University Press, 2019.

Taylor, Charles (ed). *The Kingfisher Science Encyclopedia,* Boston, MA: Kingfisher Books, 2006.

Walker, Jearl. *The Flying Circus of Physics.* Hoboken, NJ: Wiley, 2006.

Zitzewitz, Paul W. *Physics Principles and Problems.* Columbus, OH: McGraw-Hill, 2012.

## Books: Matter, Energy, and Heat

Basher, Simon, and Green, Dan. *Physics: Why Matter Matters!* Boston, MA: Kingfisher Books, 2008.

Challoner, Jack, and Green, Dan. *Eyewitness Books: Energy.* New York, NY: DK Publishing, 2016.

Cooper, Christopher. *Eyewitness Books: Matter.* New York, NY: DK Publishing, 2000.

Graybill, George. *Atoms, Molecules & Elements (Matter & Energy).* San Diego, CA: Classroom Complete Press. 2007.